図解

奇跡のしくみを解き明かす！

「地球」の設計図

斎藤靖二［監修］

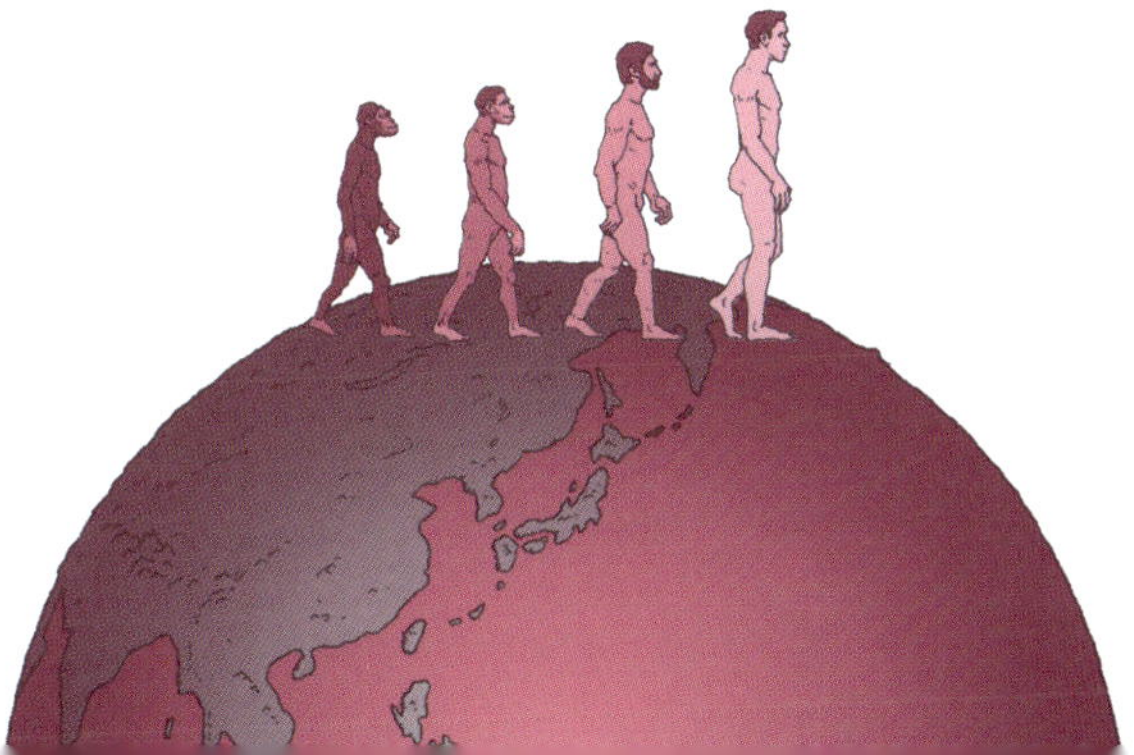

「地球の設計図」の読み方◆はじめに

無限に広がる宇宙からみると、地球はまさに広い砂浜にある一粒の砂のような存在といえる。そのため、宇宙には地球のような星があってもおかしくないように考えられる。しかし、いっぽうで地球について知れば知るほど「地球に似た星は存在しない」と思えてくる。それはあまりに多くの奇跡と偶然の積み重ねでできているとわかってくるからだ。

そもそも、地球とはどのような惑星なのか。また、地球は宇宙の中でどのように誕生し、どのように移り変わってきたのか。それらの謎を解き明かすためには地球のすがたとその歴史を総合的に知る必要がある。

そこで、本書は地球のしくみを「設計図」に見立てて解き明かしていく。例えば、精巧な建築物は設計図を見るとそのしくみがよくわかる。建物を作り上げるときに、その建物を取り巻く環境や利用者のことを計算し尽くした構造や形状、細かい寸法などを記述した設計図が必要になるからだ。では、地球ができるまでにどのような設計図があったのか。本書は、現在の地球になるために必要な設計図を厳選して45枚に表した。

また、地球を多角的に見るために「宇宙」「大地」「大気」「水」「生命」という基本となる5つの項目に分けている。

「宇宙」では、太陽をはじめとする太陽系の惑星や地球が誕生した経緯を知ることで、その特異性が明らかになるだろう。例えば、地球になれなかった火星と金星に欠けていたしくみは太陽との「距離」にあった。また、1日4〜6時間という高速で回転していた地球が、現在の24時間となった理由は「月」にある。

「大地」では、地球内部のようすを知ることで地上では想像もできない「生きている地球」のすがたを実感できる。地下では現在も高温のマントルがゆっくりと対流し、地上の陸地を少しずつ動かしている。かつて大陸はひとつで、そこから現在のように分離し、そしてひとつになろうとしている。

地球をおおう**「大気」**がなければ地上に生物は現れなかったことだろう。しかし、その大気をつくったのは生物でもあった。そして、風（大気の循環）がなければ地表の気温差は100℃にもなるという。

地表の7割をしめる**「水（海）」**は、いうまでもなく「生命」にとって必要不可欠なものだ。さらに水は地球内部に運ばれており、火山活動やプレート運動を活発化させる要因でもあった。

「宇宙」「大地」「大気」「水」が存在したからこそ**「生命」**が誕生して進化することがで

きた。ＤＮＡの獲得や眼の発達を経て、水中から陸上へ進出してきた。しかし、地球は必ずしも常に生物が生存するのに適した環境ではなかった。何度も到来した氷河期や超巨大噴火による大量絶滅。それでもなお生き残った生物が進化し、ようやく現代にたどり着いたうちのひとつがわれわれ人類だ。

このように地球の誕生とその歴史の中には、さまざまな奇跡の物語がある。「宇宙」「大地」「大気」「水」「生命」が絶妙に関連し合い、現在の地球が存在していた。どこかでひとつでも途切れていたら、現在の地球も人類をはじめとする様々な生物たちも存在していなかっただろう。

もしかしたら地球のような**奇跡の星**はこの宇宙にたったひとつだけなのかもしれない。その奇跡の大切さ、貴重さも本書を読むことで見直してもらえれば幸いである。

1章 「宇宙に浮かぶ地球」の設計図

2章 「鉄の惑星」の設計図

3章 「風の惑星」の設計図

4章 「水の惑星」の設計図

5章 「生命の惑星」の設計図

「宇宙に浮かぶ地球」の設計図

地球は生命にとって生存しやすい環境が整っている「奇跡の星」だ。

しかし、地球の隣にある火星や金星はとても生命が生存できる環境ではない。なぜこれらの惑星は地球になることができなかったのか。それは、はるか50億年前に誕生した太陽に秘密があった。太陽の周りには地球を含め8つの惑星が公転している。この太陽系の誕生から地球の奇跡は始まっていた。

地球を暖め続ける太陽からのエネルギーは有益ばかりではない。生命に害を与える太陽風、それを防いでいたのは地球内部の「核」にある。

さらに、地球は当時、1日が4〜6時間と猛スピードで回転していた。現在の24時間になった裏には月があった。

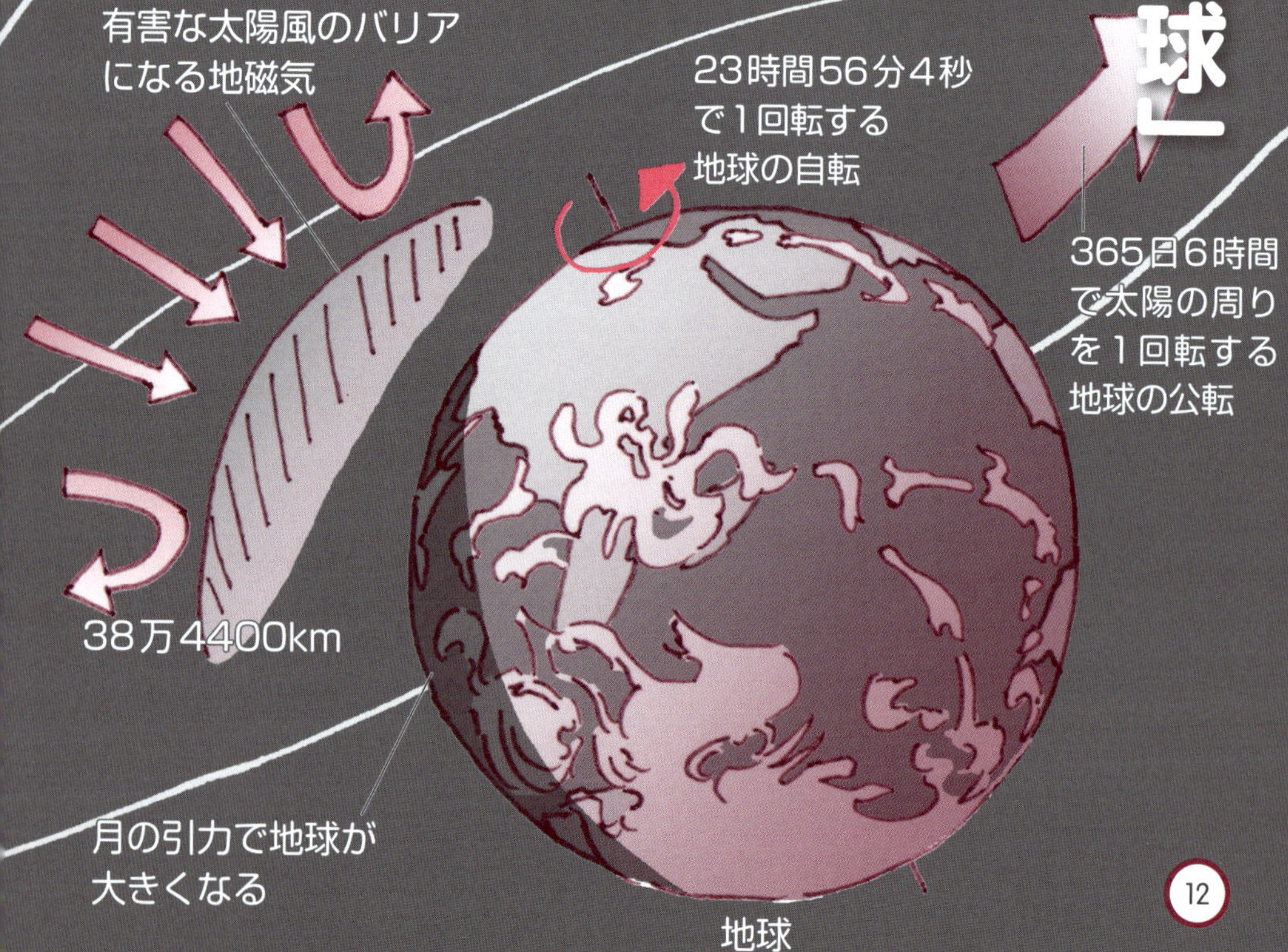

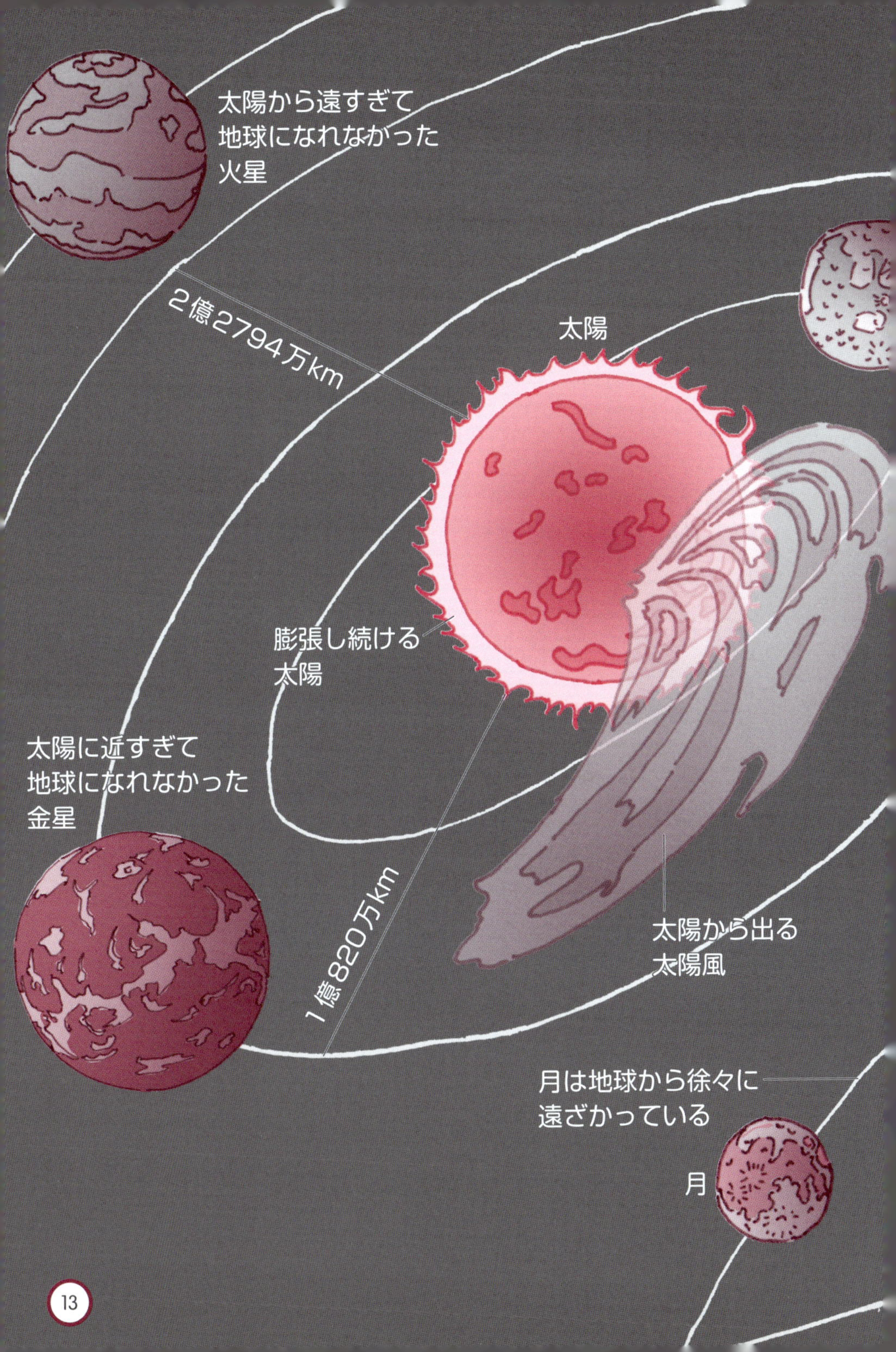

太陽から遠すぎて
地球になれなかった
火星
2億2794万km
太陽
膨張し続ける
太陽
太陽に近すぎて
地球になれなかった
金星
1億820万km
太陽から出る
太陽風
月は地球から徐々に
遠ざかっている
月

01 太陽系に生まれた「岩石惑星」

46億年前に生まれた8つの惑星

　宇宙は今から138億年前に誕生した。その頃の宇宙には水素とヘリウムしか存在していなかった。その後、水素とヘリウムが集まり、雲のような状態から核融合反応により太陽のように自ら光を出す恒星が生まれていく。

　恒星の内部では炭素や鉄など、星の材料となる物質がつくられる。そして、恒星がその一生を終えると爆発する。これを繰り返すことで宇宙に様々な物質が散らばっていった。太陽もそうした恒星のひとつとして約50億年前に生まれた。太陽の周りにあったガスや微粒子がぶつかり合いながら微惑星へと成長する。それらがさらに衝突し、合体することで46億年前、太陽系に8つの惑星「太陽系惑星」ができた。

地球は「岩石惑星」として生まれた

　太陽系惑星のうち、太陽に近い水星、金星、地球、火星の4つは微惑星から成長する過程で太陽の熱により水分やメタンや二酸化炭素などが飛ばされ、岩石中心の惑星になった。そのためこれらの星を「岩石惑星」または「地球型惑星」と呼ぶ。太陽から最も遠い天王星と海王星は、水蒸気やアンモニア、メタンなどが集まり「氷の惑星」になった。そのため、「巨大氷惑星」と呼ばれている。これらの中間にある木星と土星は「巨大ガス惑星」または「木星型惑星」と呼ばれている。それは周りにあったガスを引き寄せて巨大な気体中心の惑星になったからだ。

太陽系の惑星の誕生

①ダストの円盤

宇宙にちらばった微粒子は太陽周辺に円盤状に集まった。現在の火星と木星の間を境界(雪境界線)に、太陽に近い側は岩石質ダスト、太陽から遠い側は岩石と氷の混じった氷質ダストになった。

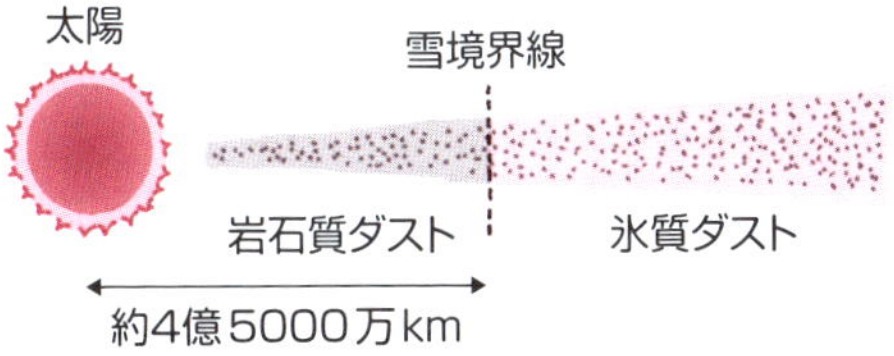

②微惑星の生成

太陽の周りにあるダストが集まり、直径数kmほどの微惑星がいくつも生成された。雪境界線をはさんで太陽に近い側に岩石微惑星ができ、太陽から遠い側には氷微惑星ができた。

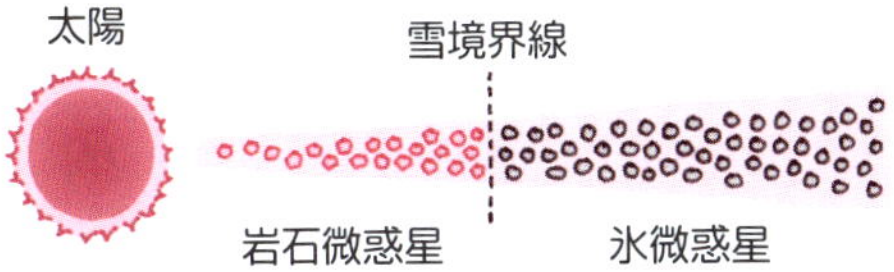

③原始惑星の生成

微惑星は衝突合体を繰り返すことでさらに大きな原始惑星へと成長していった。太陽に近い側には水星や火星程度の岩石原始惑星が20個ほど生成され、遠い側でも同様に氷原始惑星が生成された。

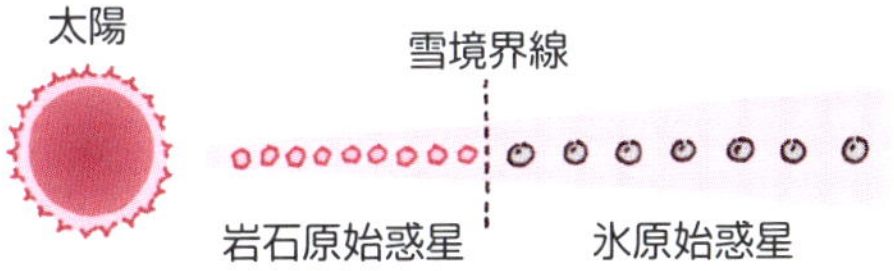

④惑星の生成

岩石原始惑星はさらに衝突合体し、水星、金星、地球、火星が誕生した。衝突合体して成長した氷原始惑星のうち木星と土星は周辺のガスを集め巨大ガス惑星になり、天王星と海王星は巨大氷惑星になった。

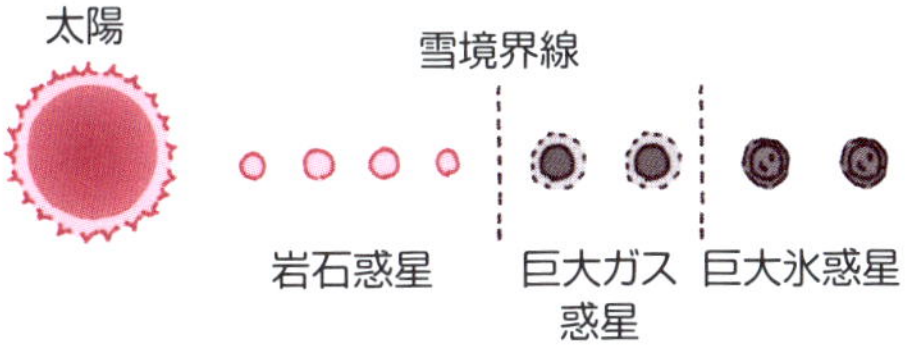

太陽系の星たち

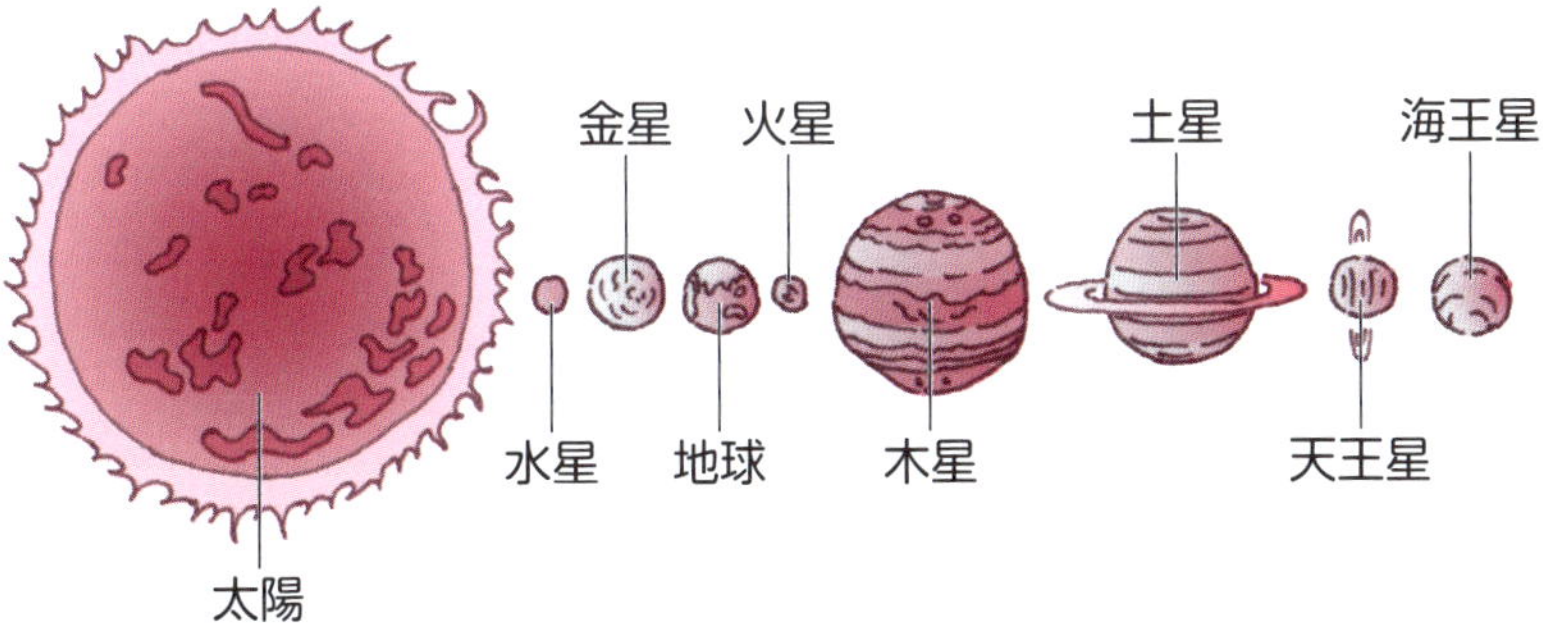

02 地球の原動力はどこで生まれたか

原始地球はマグマの海でおおわれていた

誕生したばかりの地球（原始地球）は、大きさが今よりも小さかった。この原始地球に微惑星や隕石が何度も繰り返し衝突、合体を繰り返すことで現在の大きさになっていく。

そして、微惑星などの衝突により地球は高温になり表面から深部まで溶けた金属や岩石によるマグマの海（マグマオーシャン）でおおわれる状態になった。

マグマの中では時間の経過とともに鉄などの金属と岩石がそれぞれ集まり分離していく。岩石よりも重い鉄やニッケルなどの金属は、地球の中心へと沈んでいき地球の核をつくった。

地球は熱の循環と放出で成り立っている

微惑星の衝突が終わると地球は徐々に冷え始めた。とはいえ地球内部には微惑星の衝突によって得た莫大な熱エネルギーが蓄えられていた。さらに地球内部に、放射性物質が少しずつ崩壊する時に発生する熱エネルギーが加わっていった。

ようするに地球は内部の熱を循環させ最終的に宇宙へ放出することでなりたっている。

こうした地球内部での熱の循環と放出が、次章で述べるプレートやマントルを動かす原動力となり、現在の地球環境をもたらしたのである。地球の内部が冷えきった時、地球は死んだと言えるのかもしれない。

衝突、合体して生まれた地球

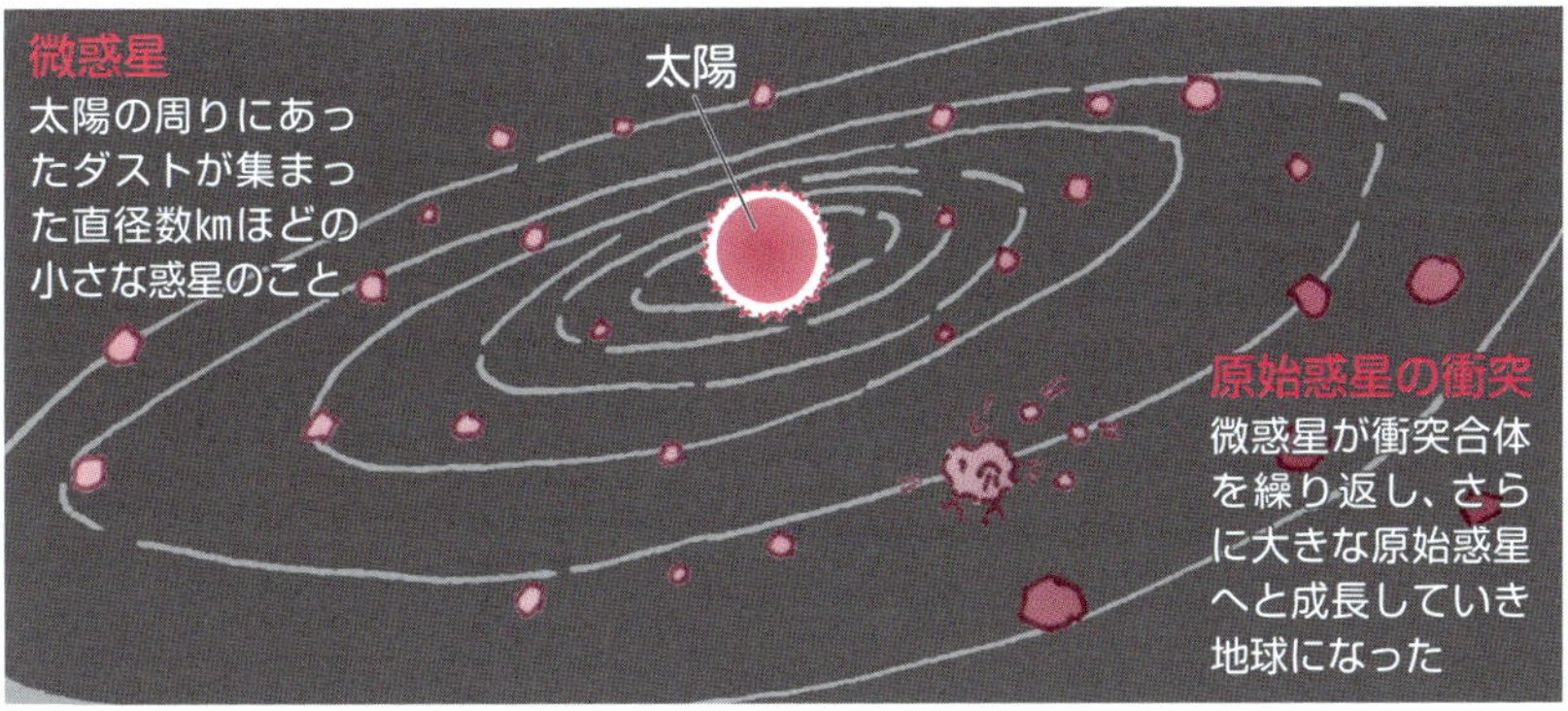
微惑星
太陽の周りにあったダストが集まった直径数㎞ほどの小さな惑星のこと
太陽
原始惑星の衝突
微惑星が衝突合体を繰り返し、さらに大きな原始惑星へと成長していき地球になった

マグマでおおわれた生まれたばかりの地球

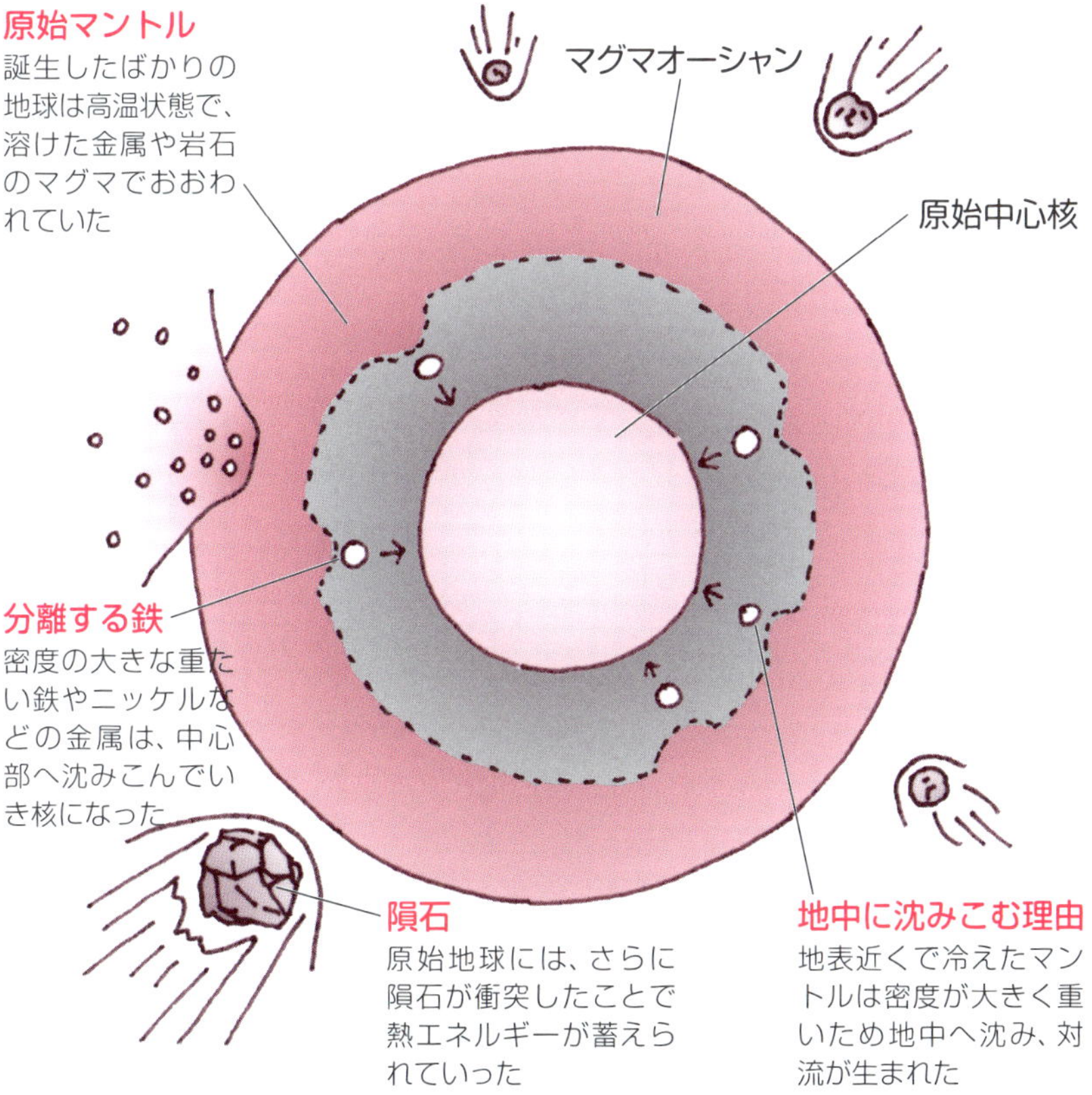
原始マントル
誕生したばかりの地球は高温状態で、溶けた金属や岩石のマグマでおおわれていた
マグマオーシャン
原始中心核
分離する鉄
密度の大きな重たい鉄やニッケルなどの金属は、中心部へ沈みこんでいき核になった
隕石
原始地球には、さらに隕石が衝突したことで熱エネルギーが蓄えられていった
地中に沈みこむ理由
地表近くで冷えたマントルは密度が大きく重いため地中へ沈み、対流が生まれた

03 太陽との絶妙な距離が今の地球を生み出した

宇宙の中で生命が生まれる条件とは

地球で生命が誕生し、人類まで進化することができたのは、地球が太陽と絶妙な距離に位置していたからだ。

宇宙の中で生命を維持できる環境領域のことを「ハビタブルゾーン」（生命居住可能領域）という。

その最も重要なポイントは大量の水が液体の状態で存在できることだ。具体的には海の存在である。水は熱しにくく冷めにくいという性質があるため生命維持に必要な安定した温度や環境を与えてくれる。

そして、水が液体の状態で存在できるかどうかは太陽との距離で決まる。太陽から地球までの距離は、ちょうど地球表面の平均温度を15℃にし、地球上の水を液体として存在させることができるものだった。それでは、ハビタブルゾーンから外れた惑星はどのような環境なのか。

地球になれなかった金星と火星

金星は地球とほぼ同じ大きさだが、地球よりも太陽に近いため表面の平均温度は４６４℃という灼熱状態になっている。金星が生まれた当初は地球と同じくらいの水が存在していたと推測されるが、高温のため水蒸気となり、宇宙へ放出されてしまった。

一方、火星は地球よりも太陽から離れているため表面の平均温度はマイナス53℃と冷えきっている。火星にもかつて液体の水が存在したと推測されており、現在も地下にならあるのではないかと期待されている。

ハビタブルゾーン

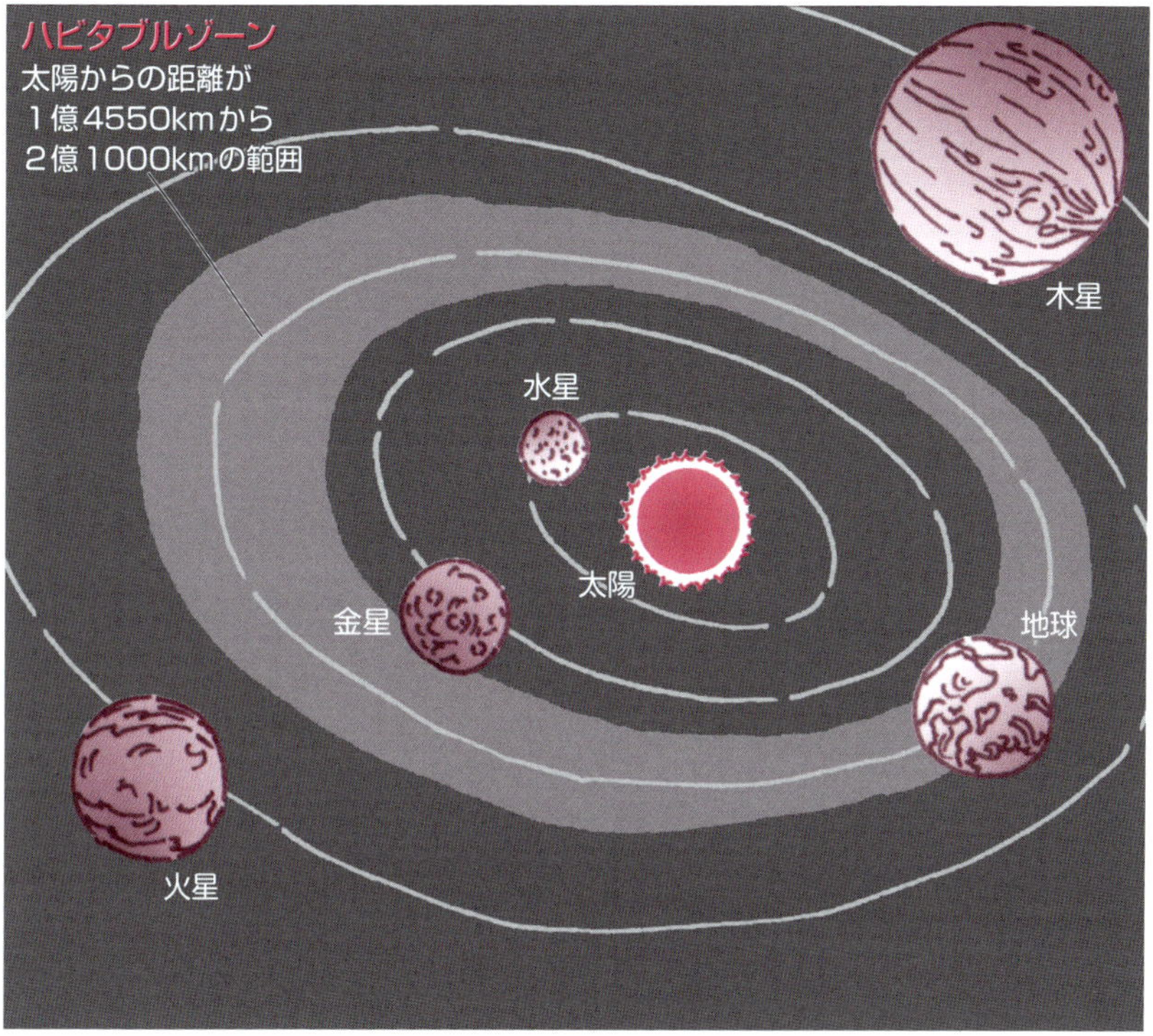

金星・地球・火星

		金星	地球	火星
太陽からの距離（km）		1億820万	1億4960万	2億2794万
平均温度（℃）		464	15	−53
水の形態		水蒸気	液体	氷
大気の主な成分（%）	窒素	1.8	78.1	2.7
	酸素	−	20.9	−
	アルゴン	0.02	0.93	1.6
	二酸化炭素	98.1	0.035	95.3

04 地球とともに歩んできた月

月は今よりずっと近かった

原始地球には繰り返し微惑星が衝突していた。

そんな中で、今から約45億年前に火星ほどの巨大な微惑星が地球に衝突。そして、そのとき地球の周りに散らばった地球や微惑星のかけらがひとつにまとまってできたのが月だという。これを「ジャイアント・インパクト説」と呼ぶ。月の化学組成と地球のマントルがほとんど同じことからそう考えられた。月の誕生には、他にも「捕獲説」「共成長説」などがある。

月はちょうど地球の引力と月の遠心力がつり合った位置で地球の周りを回り始めた。しかし、当時の月は今よりもずっと近いところにあった。現在の地球から月までの距離、約38万㎞の16分の1程度である。月は徐々に離れ45億年かかって現在の位置になった。今でも月は遠心力により1年に3㎝程度ずつ地球から離れている。

他の衛星に比べて特別な月

地球に対する月の大きさの比率は、太陽系にある他の惑星とその周りを回る衛星の比率と比べ、非常に大きいのが特徴である。月の質量は地球の80分の1もあるのに対し、他の衛星の質量は最大でも、その惑星の1000分の1程度しかない。いかに月が大きいかわかるだろう。

その結果、地球に対する月の影響力もそれだけ大きい。もし月が存在しなければ今の地球環境や生物の進化はなかったと考えられている。

月ができるまで

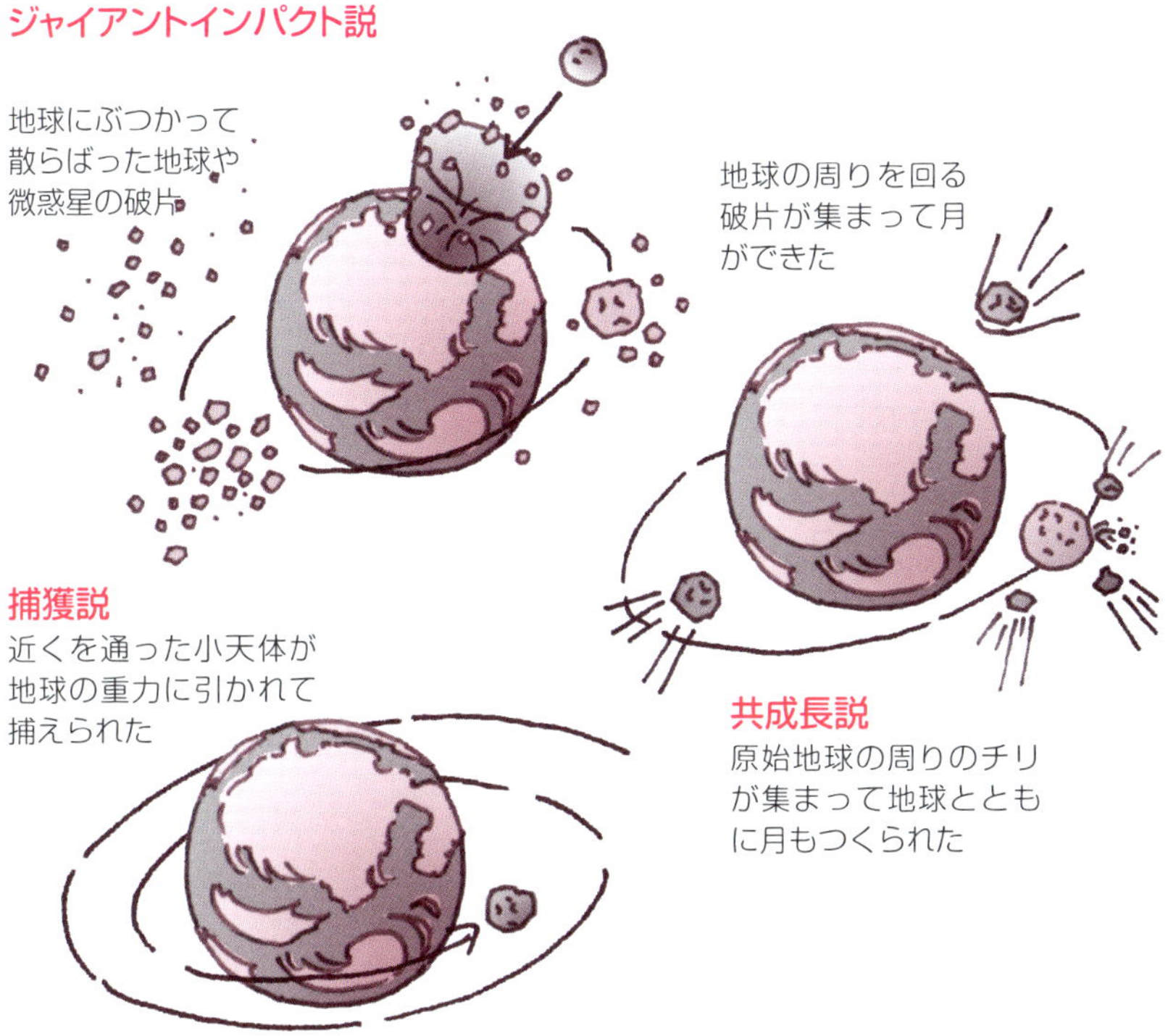

地球から離れる月

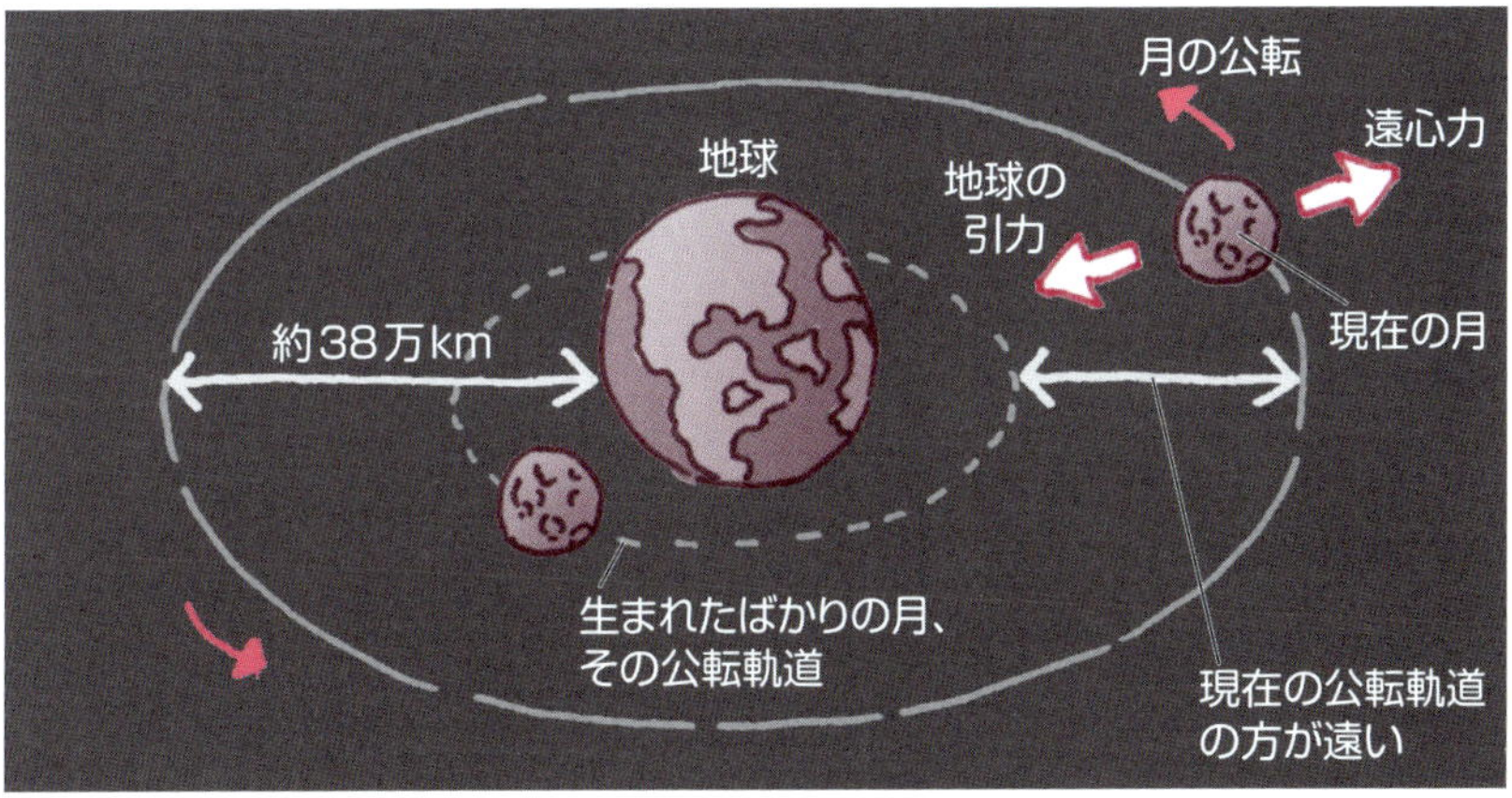

05 月がなかったら地球の1日は4〜6時間だった

もし、地軸の傾きがゼロだったら…

地球に巨大な微惑星が衝突したとき、その衝撃で地球の地軸も傾いた。

地軸とは北極点と南極点を結んだ軸のことで、その軸を中心に自転している。地軸が傾いたことで、太陽光の当たる角度も地球が太陽を公転する一年の中で変化し、地球に四季が生まれた。

もし地軸が傾いていなかったら、太陽は常に赤道上を照らし続けることになり、赤道は猛烈な高温になる。さらに、北極や南極は低温になったことだろう。

現在のような、地球上の変化に富んだ気候や環境は、地軸が傾いたことで生まれ、それによってさまざまな生命が誕生して進化してきたのである。

月は地球の自転速度を遅くした

月は地球にさまざまな影響を与えている。そのひとつに地球の自転速度を遅くしたことがあげられる。月が生まれた当時、地球の自転速度は現在よりもずっと速く、1日が4〜6時間だった。

海の潮の満ち引きは月の引力によるものだが、この月の引力により地球の自転速度は少しずつ遅くなり、現在の1日が24時間、1年が365日になった。

また、そのおかげで、地球上に吹き荒れていた、生命が住めないほどの猛烈な風が止まった。

地球に四季がある理由

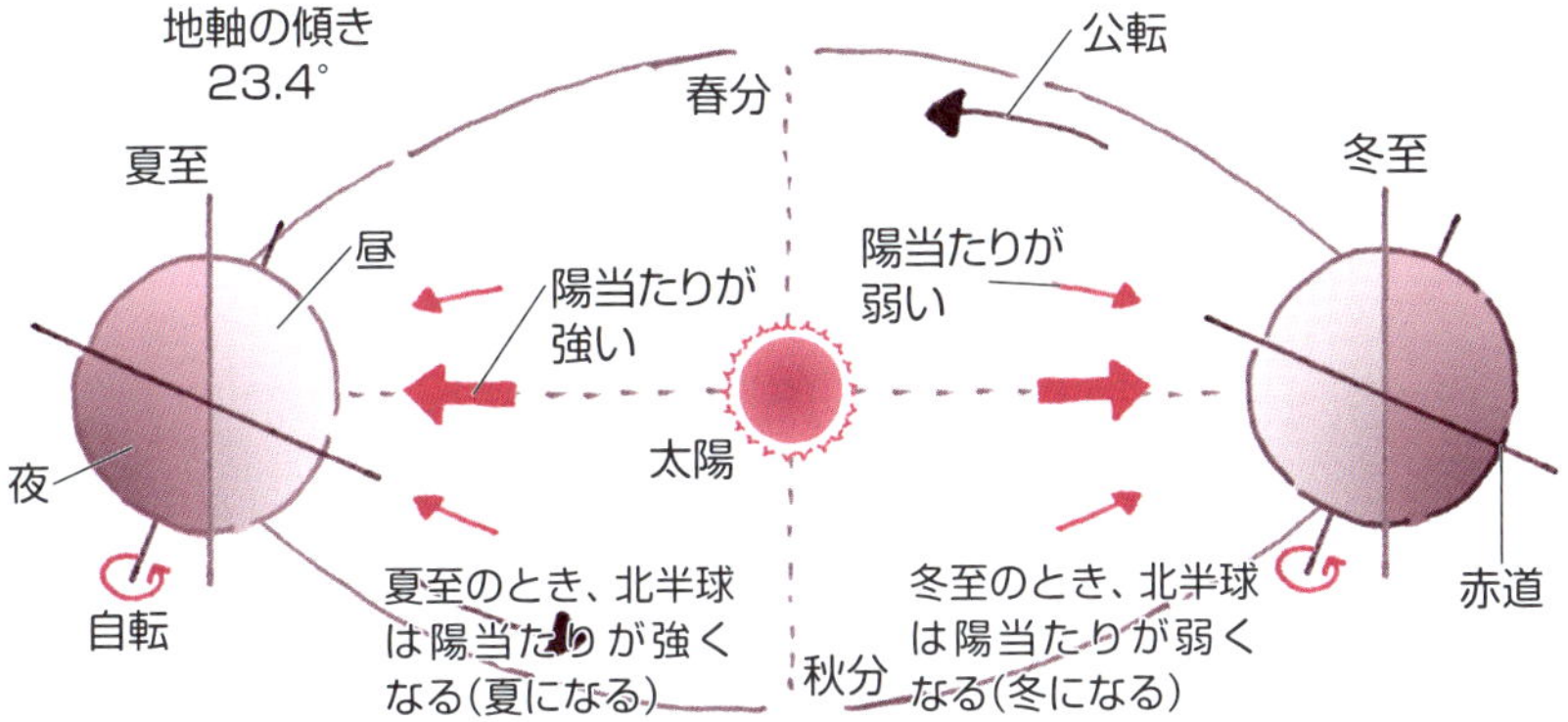

もし、地軸が傾いていなかったら…

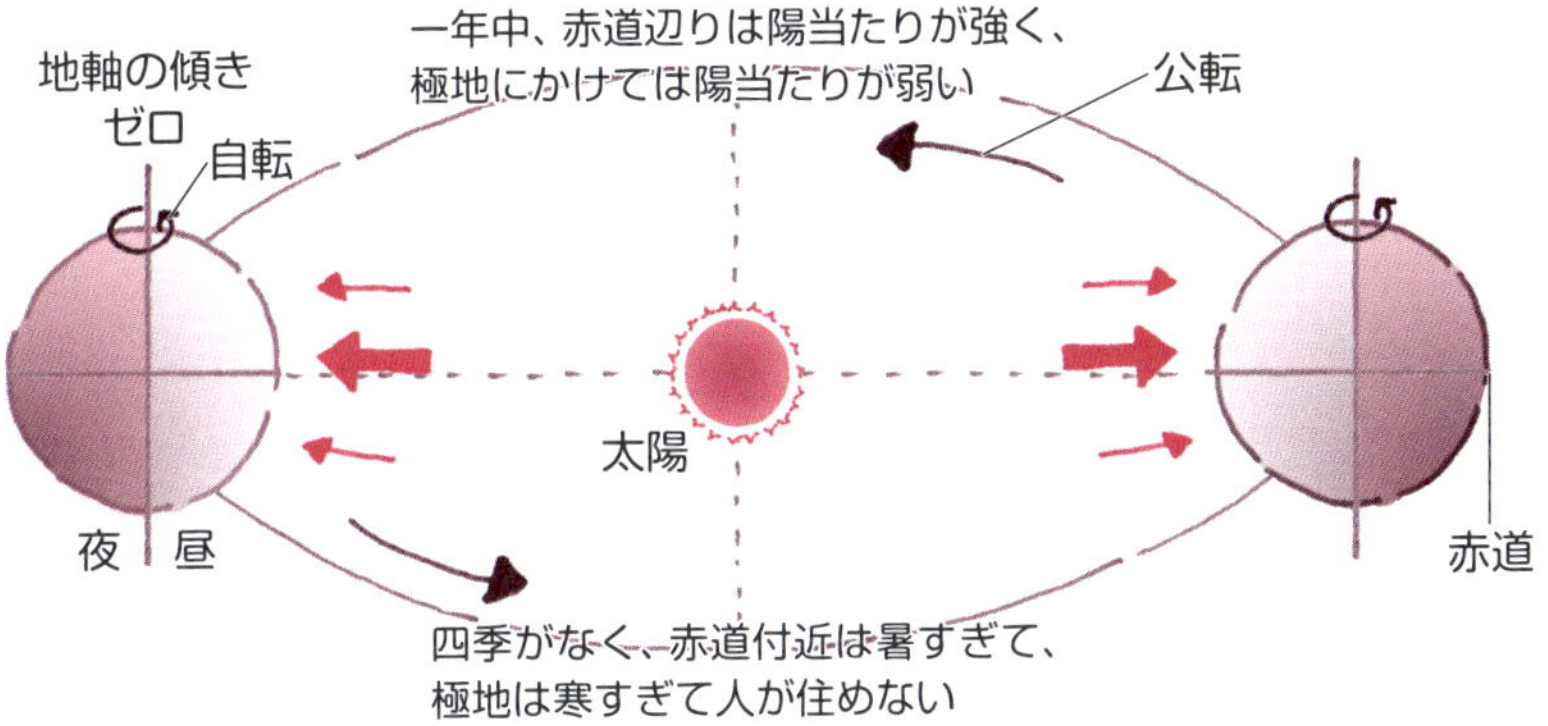

地球の自転速度を遅くする月

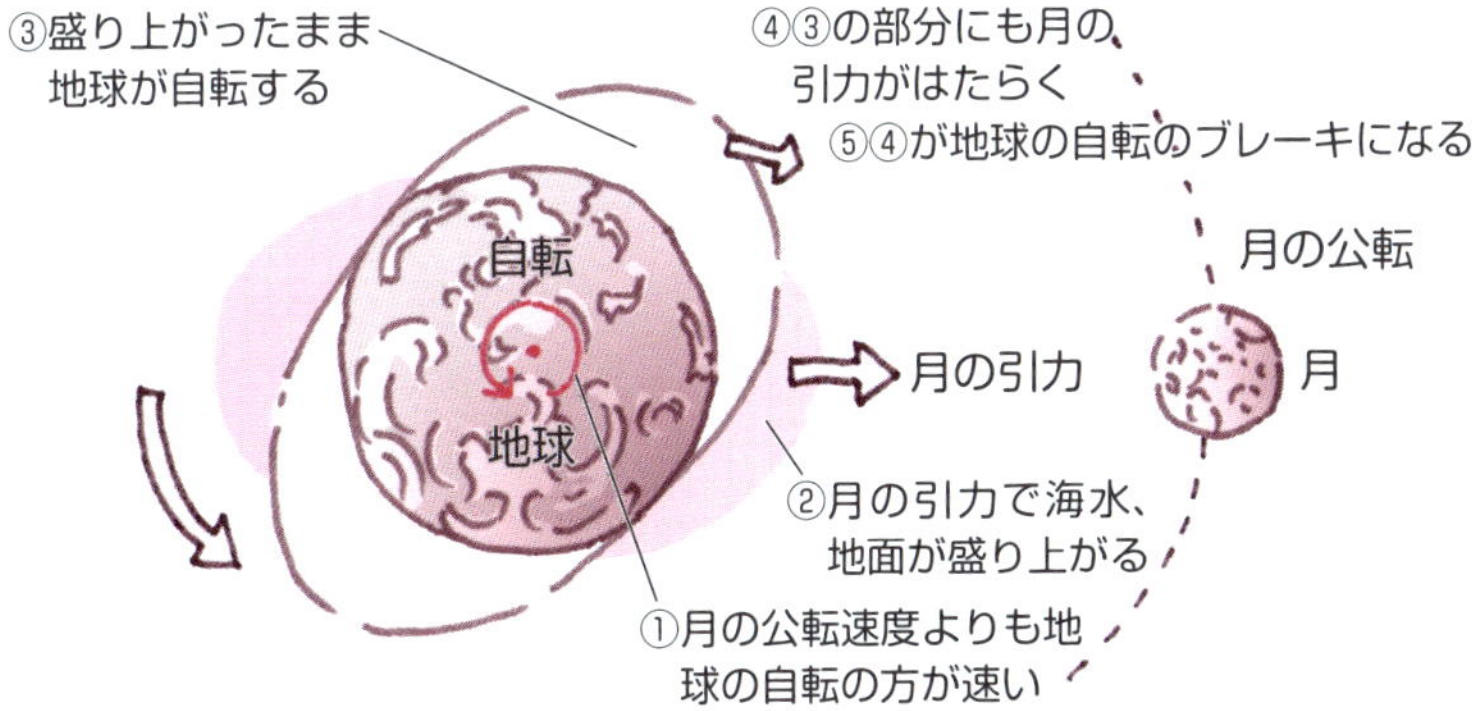

06 月と太陽の引力が地球に及ぼす影響

月の引力は地面も引っ張る

地球の海面が周期的に上がったり下がったりすること、いわゆる潮の満ち引きのことを「潮汐《ちょうせき》」という。

潮汐が起きるのは、月の引力と地球にかかる遠心力が関係している。この潮汐を起こす力を「潮汐力」という。

月の側にある海面は月の引力によって海面が上がり満潮になる。また、月の反対側にある海面は地球の遠心力により押し出されて満潮になる。この力は月の引力よりも強く働く。一方、月と直角方向にある海面は海面が下がり干潮になる。そして、地球は1日1回転するので、満潮と干潮が交互に2回ずつ起きる。

月の引力は海水だけでなく、地面や海底にも影響を与えている。これを「地球潮汐」といい、海水の上下は海底の上下を含んだ結果である。

月と太陽がもたらす大潮と小潮

近くにある月ほどではないが、太陽の引力も潮汐に関係している。約15日ごとに起きる大潮や小潮だ。

太陽、月、地球の順で一直線上に並ぶ新月のときや、太陽、地球、月の順で一直線上に並ぶ満月のとき、月の引力に太陽の引力、地球の遠心力が加わることで、より強い潮汐力がかかる。そのため通常よりも潮の満ち引きが大きい大潮になるのだ。一方、太陽と月が直角方向になった半月のときは、月の引力と太陽の引力がお互いに打ち消し合うことになり小潮になる。

月の引力が地球に及ぼす影響

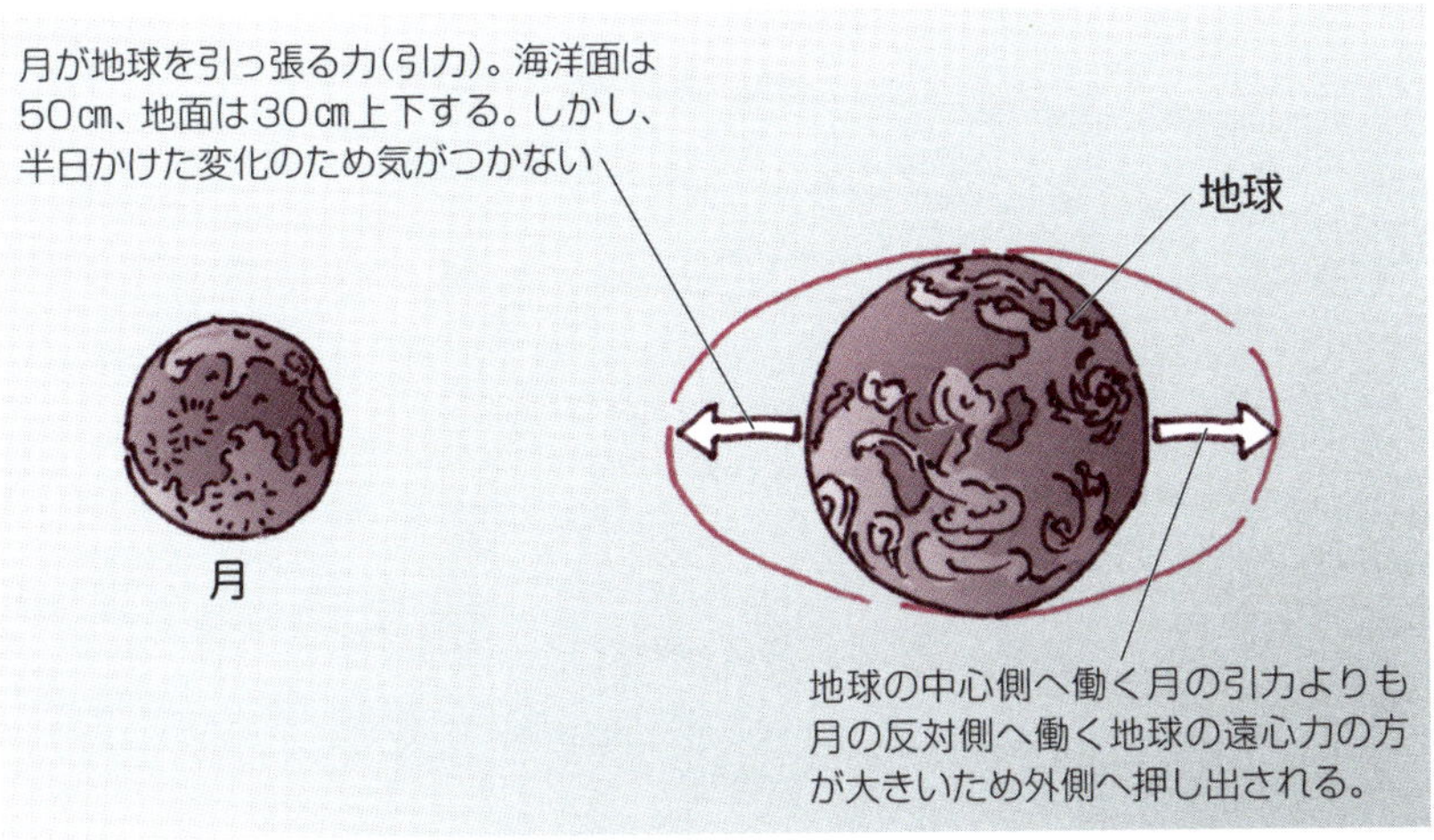
月が地球を引っ張る力(引力)。海洋面は50㎝、地面は30㎝上下する。しかし、半日かけた変化のため気がつかない
地球
月
地球の中心側へ働く月の引力よりも月の反対側へ働く地球の遠心力の方が大きいため外側へ押し出される。

月と太陽の引力が地球に及ぼす影響

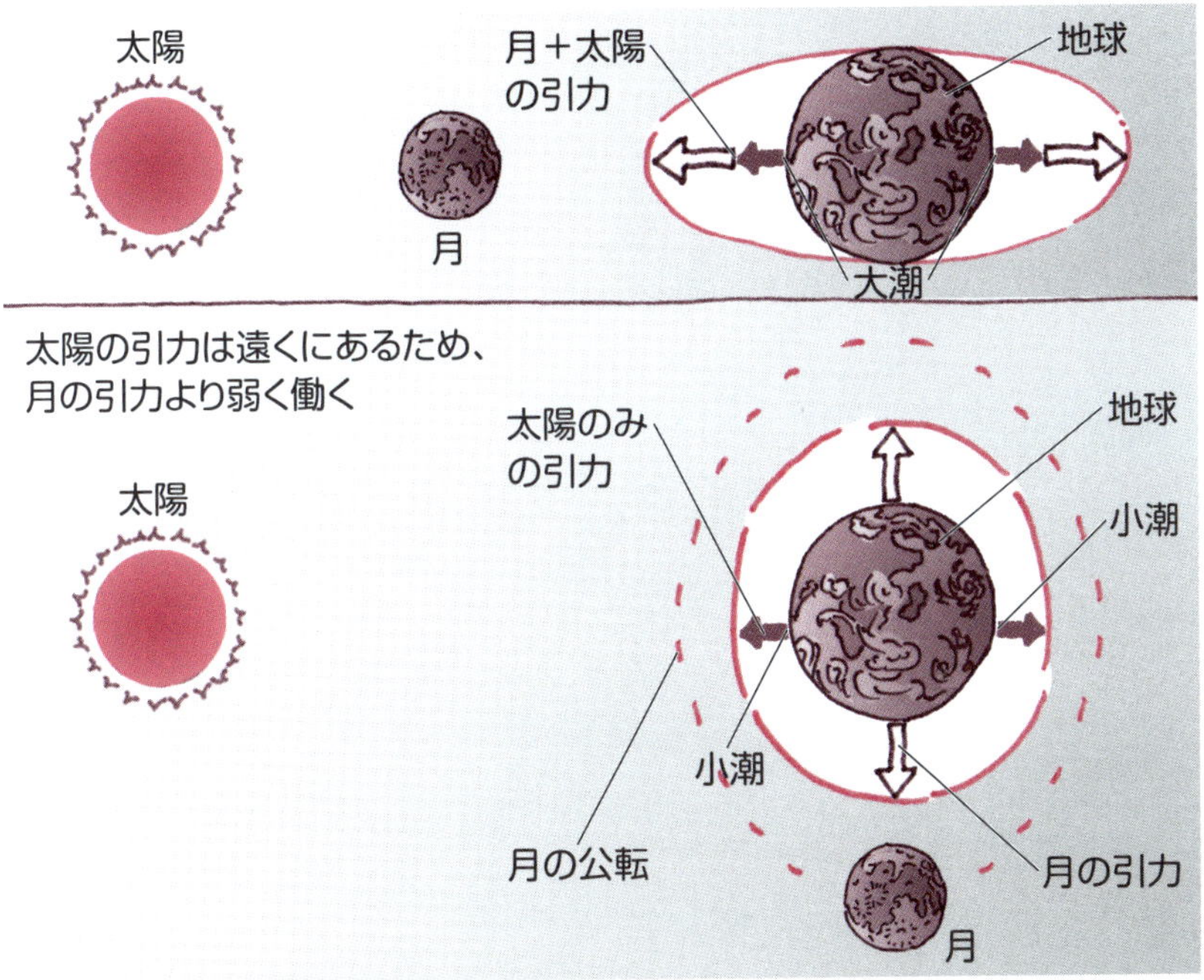
太陽
月＋太陽の引力
地球
月
大潮
太陽の引力は遠くにあるため、月の引力より弱く働く
太陽のみの引力
地球
小潮
太陽
小潮
月の公転
月の引力
月

07 温暖化、寒冷化をもたらす太陽の活動変化

太陽の黒点数と地球の気温の関係

常に同じように活動していると思われがちだが、太陽の放射エネルギーは変化している。放射エネルギー量が増えれば地球は温暖化し、逆に減れば地球は寒冷化する。

こうした太陽の活動の目安になるのが、太陽の表面にある黒点の数だ。黒点は周期的に増減を繰り返しており、太陽活動が活発な時は黒点数が多くなる。

黒点数が最大になると太陽からの放射エネルギー量は0.1％増大し、太陽風（→28ページ）も強くなる。その結果、地球の平均気温が上昇し温暖化するのである。

具体的に1960年から2000年までの太陽の黒点と平均気温の変化をみると、黒点数が増加するのに従って、平均気温も上昇し、その逆に黒点数が減少するのに従って、平均気温も下がっていく。

太陽の活動が低下し黒点数が減少すると地球は寒冷化する。1645年から1715年までの70年間にもわたって寒冷化したことがあった。この太陽活動の低下による寒冷化を「マウンダー極小期」という。

太陽の磁場が「宇宙線」から地球を守る

太陽は宇宙空間を漂う「宇宙線」から地球を守っている。「スベンスマルク仮説」では、宇宙線が地球に届くと、雲の量が増え寒冷化に向かうという。太陽の磁場や地球の磁場が宇宙線の侵入を防いでいる。しかし、太陽の活動が低下すると磁場が弱まり地球は寒冷化していく。

太陽の黒点

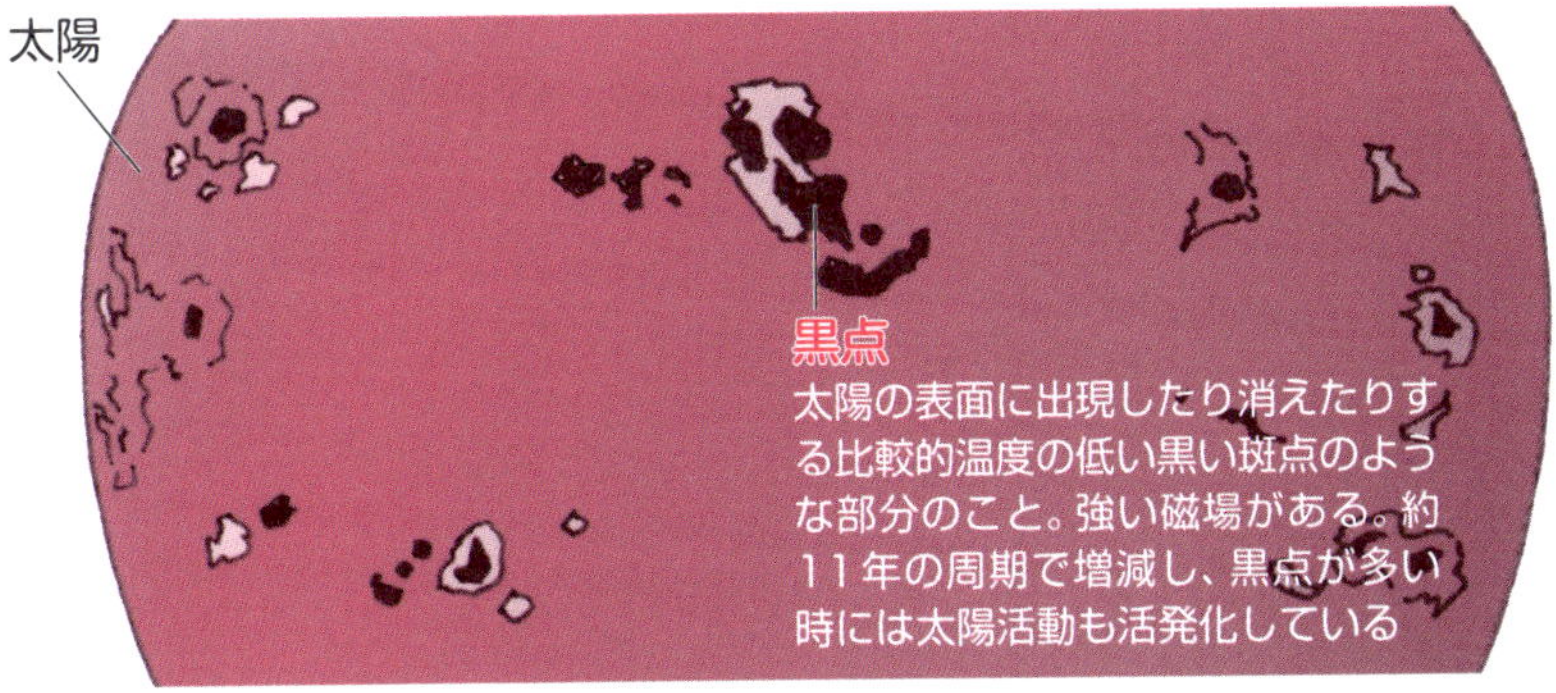

太陽放射と気温の関係

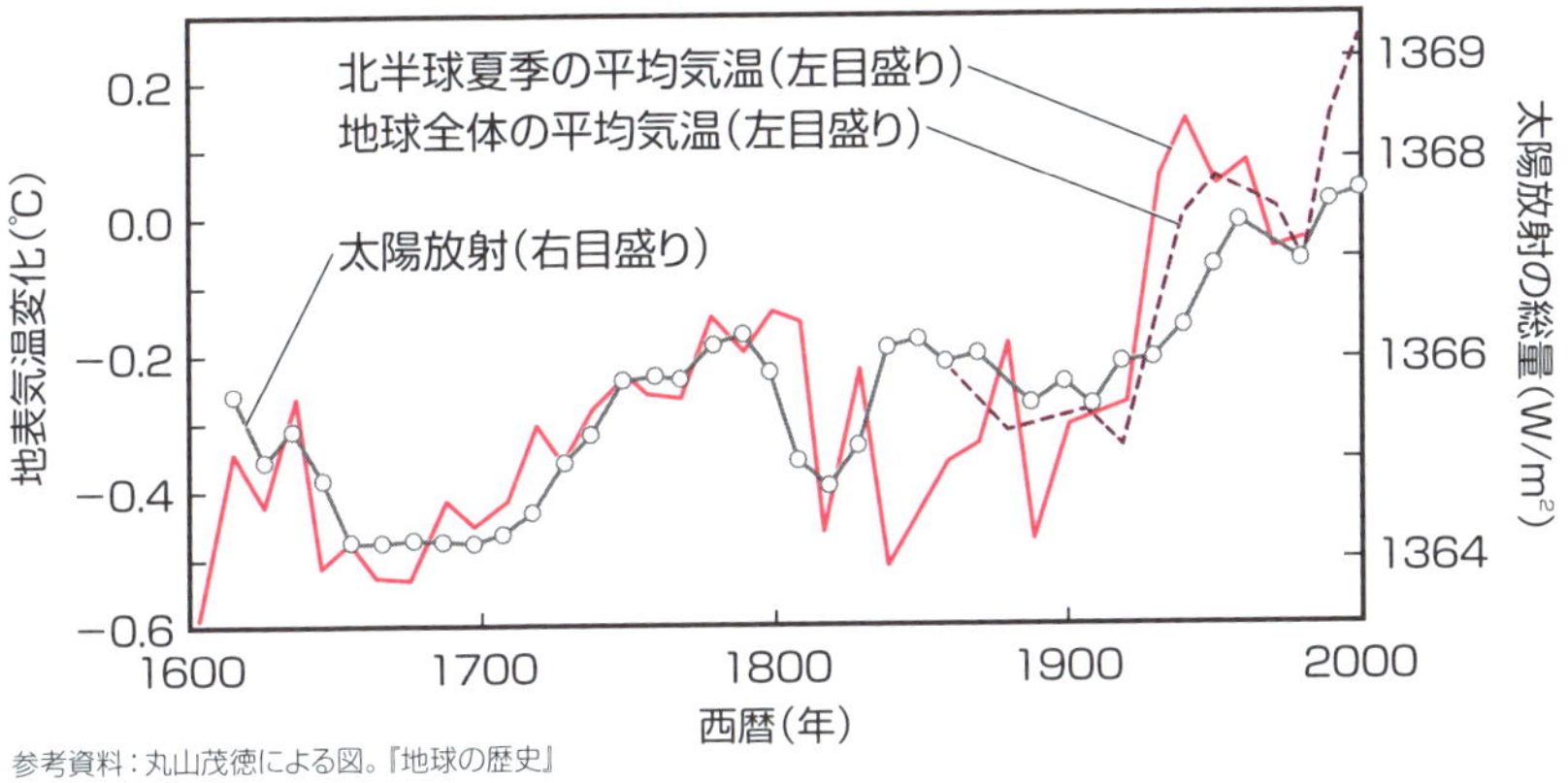

参考資料：丸山茂徳による図。『地球の歴史』

太陽の磁場が地球を守る

08 地球を守るバリアの正体

地球は太陽からの有害な放射線をあびている

地球を暖め、豊かな環境をつくった太陽のエネルギーには、その反面、有害な側面もあった。

太陽からは「太陽風」と呼ばれる高速のプラズマ（陽子や電子の粒子）が常に放出されている。そして、太陽風は生命にとって非常に有害な放射線でもある。そのため太陽風が直接、地球に降りそそいでいたら、地球上に生命は誕生していなかっただろう。

この生命にとって有害な太陽風から地球を守っているのが、地球の中心部分から発生している「磁場《じば》」である（→48ページ）。方位磁石で北や南がわかるのも地球に磁場があるからだ。

太陽風から守る地球の磁気圏

地球にある強い磁場は、地球を守るバリアのように、太陽風の進入を防いでいる。このように磁場により太陽風が進入できない範囲のことを「磁気圏《じきけん》」という。地球に向かってきた太陽風は、磁気圏に沿うように進路を曲げられていく。

しかし、この磁気圏にも弱い部分がある。それが北極と南極だ。ちょうど北極と南極の部分だけ、バリアに穴があいているような状態になっている。

その結果、北極と南極には太陽風が進入してくることになる。ちなみに進入してきた太陽風と空気の分子が衝突して発生するのがオーロラである。

太陽風から地球を守る磁気圏

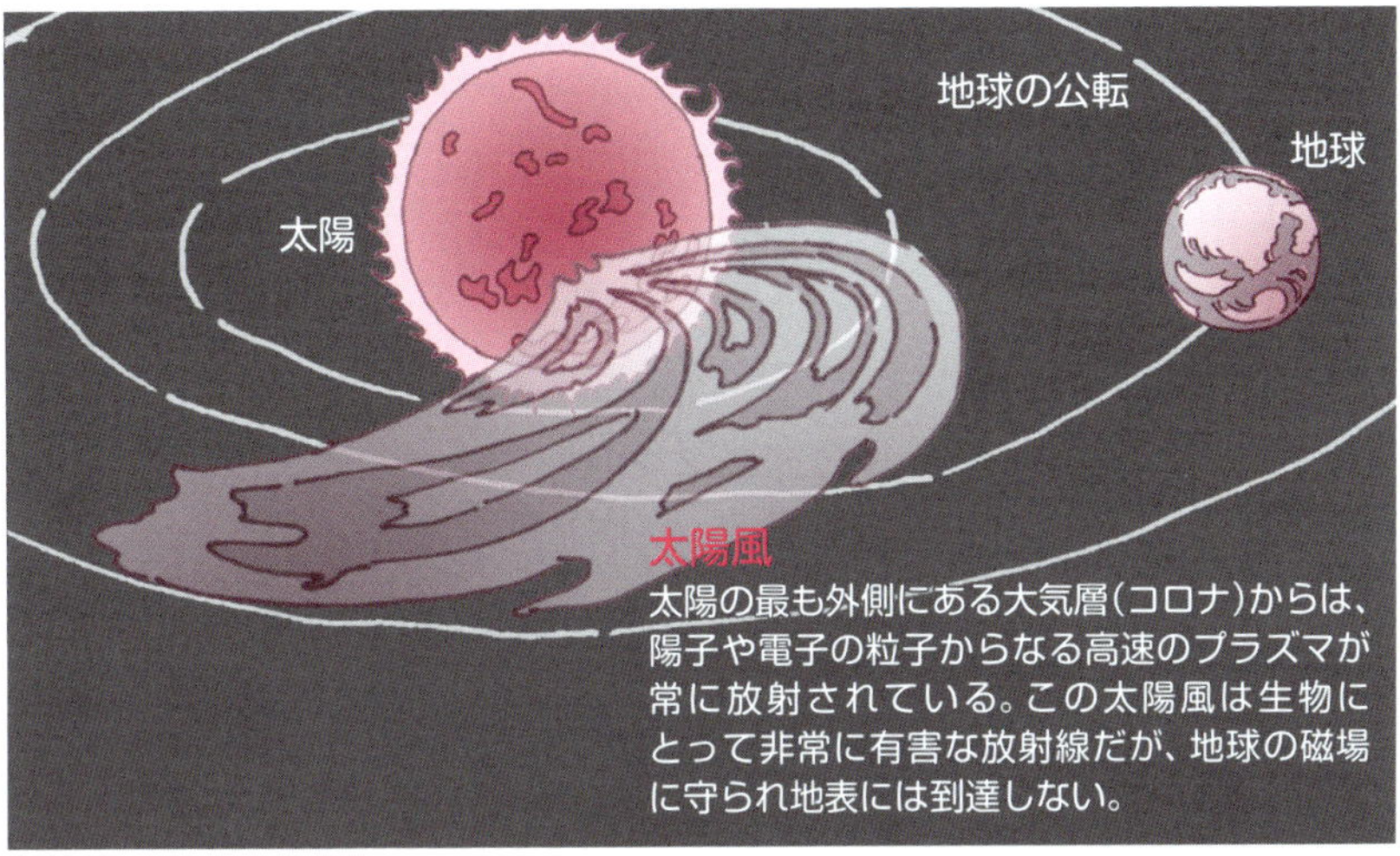
地球の公転
地球
太陽
太陽風
太陽の最も外側にある大気層(コロナ)からは、陽子や電子の粒子からなる高速のプラズマが常に放射されている。この太陽風は生物にとって非常に有害な放射線だが、地球の磁場に守られ地表には到達しない。

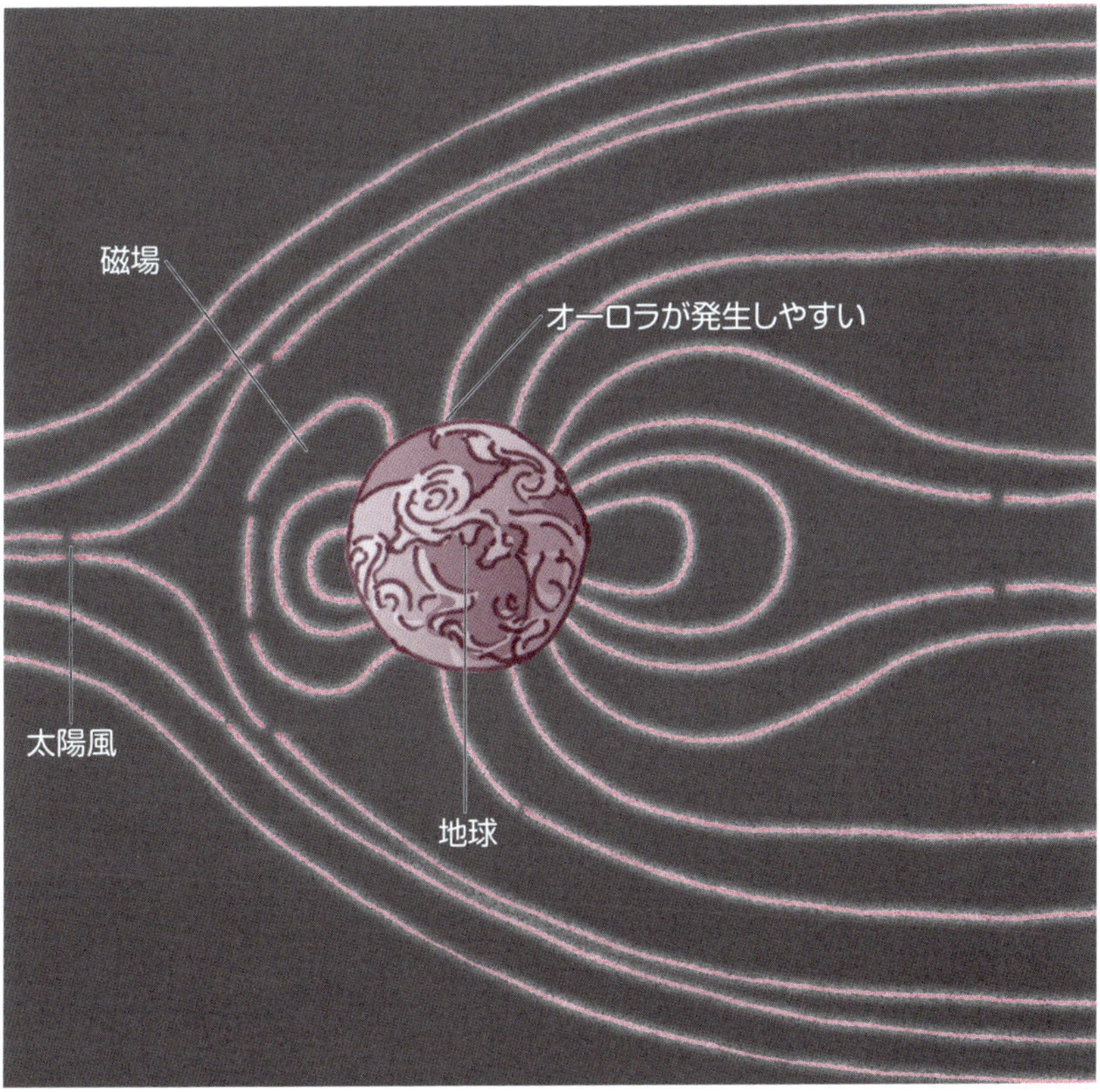
磁場
オーロラが発生しやすい
太陽風
地球

09 膨張し続ける太陽と地球の最期

地球の表面温度はどんどん上昇していく

太陽は1億年ごとに約1パーセントの割合で明るくなっている。そのため地球が太陽から受けるエネルギーもどんどん増大していく。その結果、今から約10億年後には、地球の表面温度は100℃を超えてしまうと予測されている。

反対に40億年前の太陽の明るさは今の7割程度しかなかった。単純に計算すると、地球の表面は冷えており、海は凍結していることになるが、実際はそうではなかった。これは「暗い太陽のパラドックス」と呼ばれている。地球が凍結しなかったのは、ちょうど良い濃度の二酸化炭素などの温室効果ガスにより、適温に保たれていたからだと考えられている。

太陽と地球の最期

太陽の寿命は約100億年と予測されている。太陽が誕生してから既に約50億年が経過しているので、あと50億年ほどで太陽は燃え尽きてしまうことになる。

その間に太陽は「赤色巨星」という巨大な星に膨張していく。そして水星や金星を飲み込んでしまう。地球も同様に赤色巨星となった太陽に飲み込まれてしまうか焼き尽くされてしまうだろう。

その後、太陽は縮んで中心部分だけが「白色矮星《わいせい》」という状態となって冷えていき、最期を迎えることになる。

膨張する太陽と地球

40億年前　太陽　地球

40億年前の太陽は現在の7割程度の明るさだったが、二酸化炭素による温室効果で地球は寒冷化しなかった。

現在

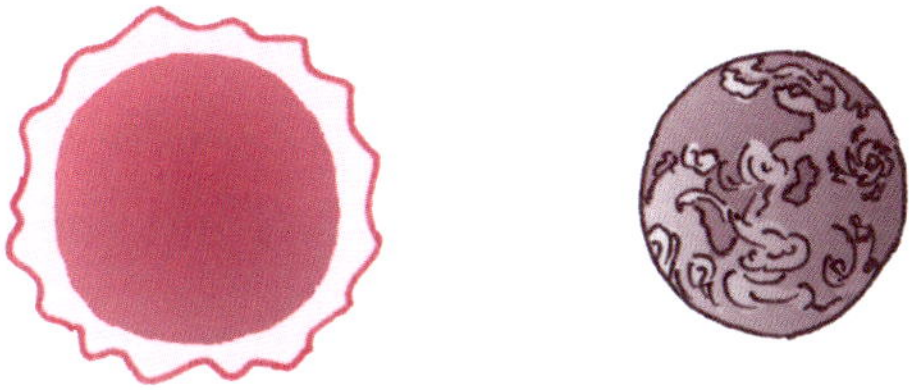

現在、地球の平均気温は15℃に保たれているが、太陽が明るさを増すに従い地球の気温も上昇していく。

10億年後

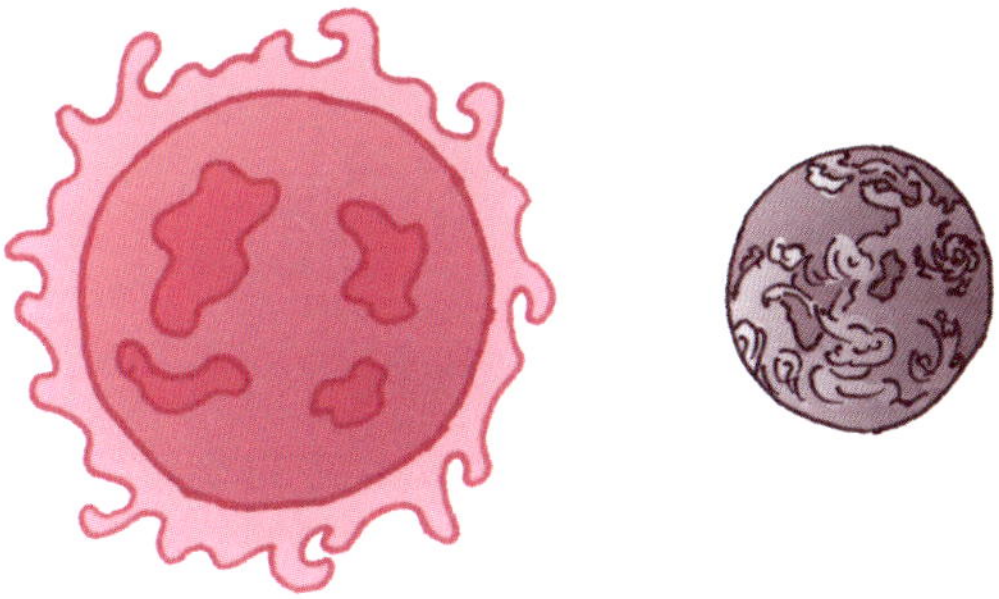

地球の表面温度が100℃以上になると予想される。それまでに耐性の低い植物が死滅し、追うように動物も死滅するとされる。微生物を最後に生命は絶えてしまう。

地球の最期

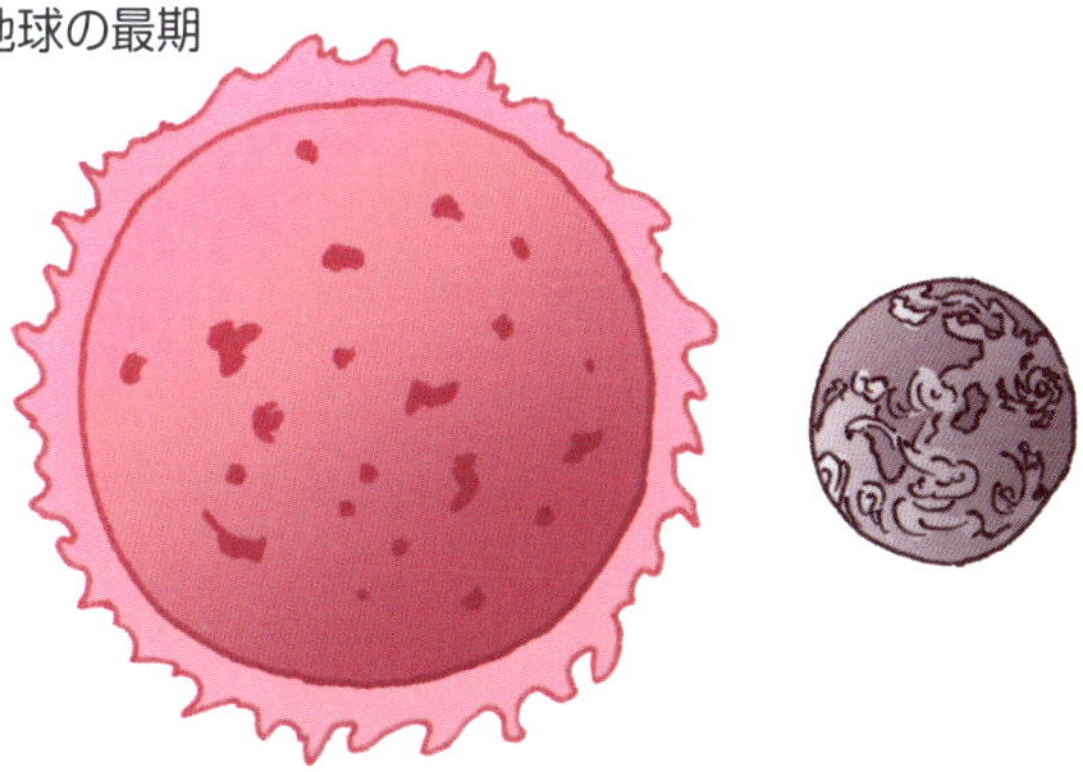

太陽は現在の200倍くらいの大きさに膨張し、地球を飲みこむ。または太陽の引力が弱まり、地球の軌道が外れるため、飲みこまれずに済むともいわれている。

2章

「鉄の惑星」の設計図

地球というと「青い星」というイメージがあるが、地球の内部には全く別の世界が広がっている。

地球は、3割が鉄でできている「鉄の惑星」でもあり、巨大な磁石になっている。その鉄が地球の中心にある核を形作っていた。

さらに、地球内部の大部分を占めるマントルが地球の環境に大きな影響を与えている。ときに超巨大噴火をもたらし、地上の環境を一変させてしまう。ゆっくりだが地球内部は動き続けている。

また、地上で大陸が生まれたり、分離したりする動きにはサイクルがあった。それをたどると、未来はひとつの超大陸になるという。

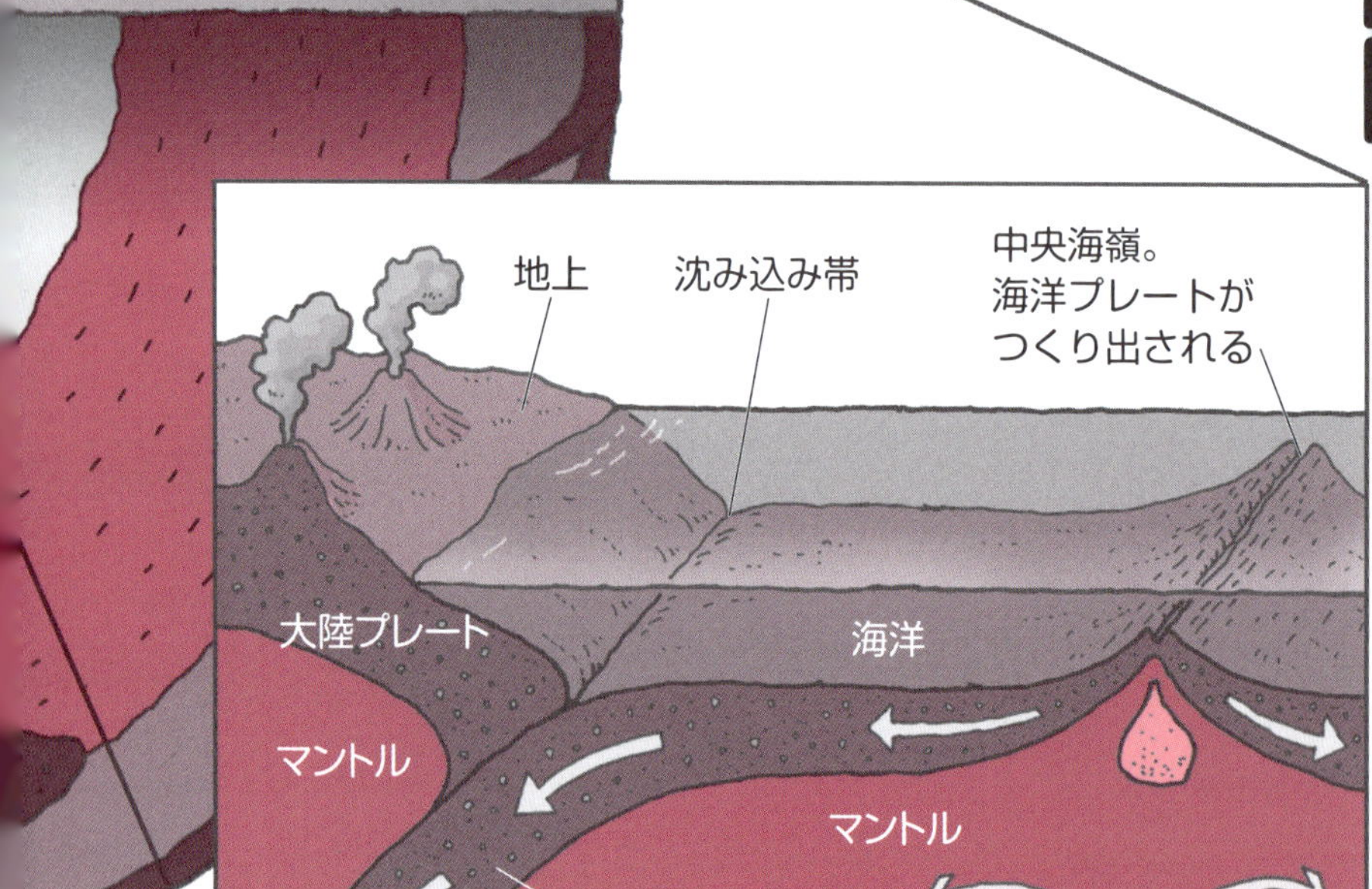

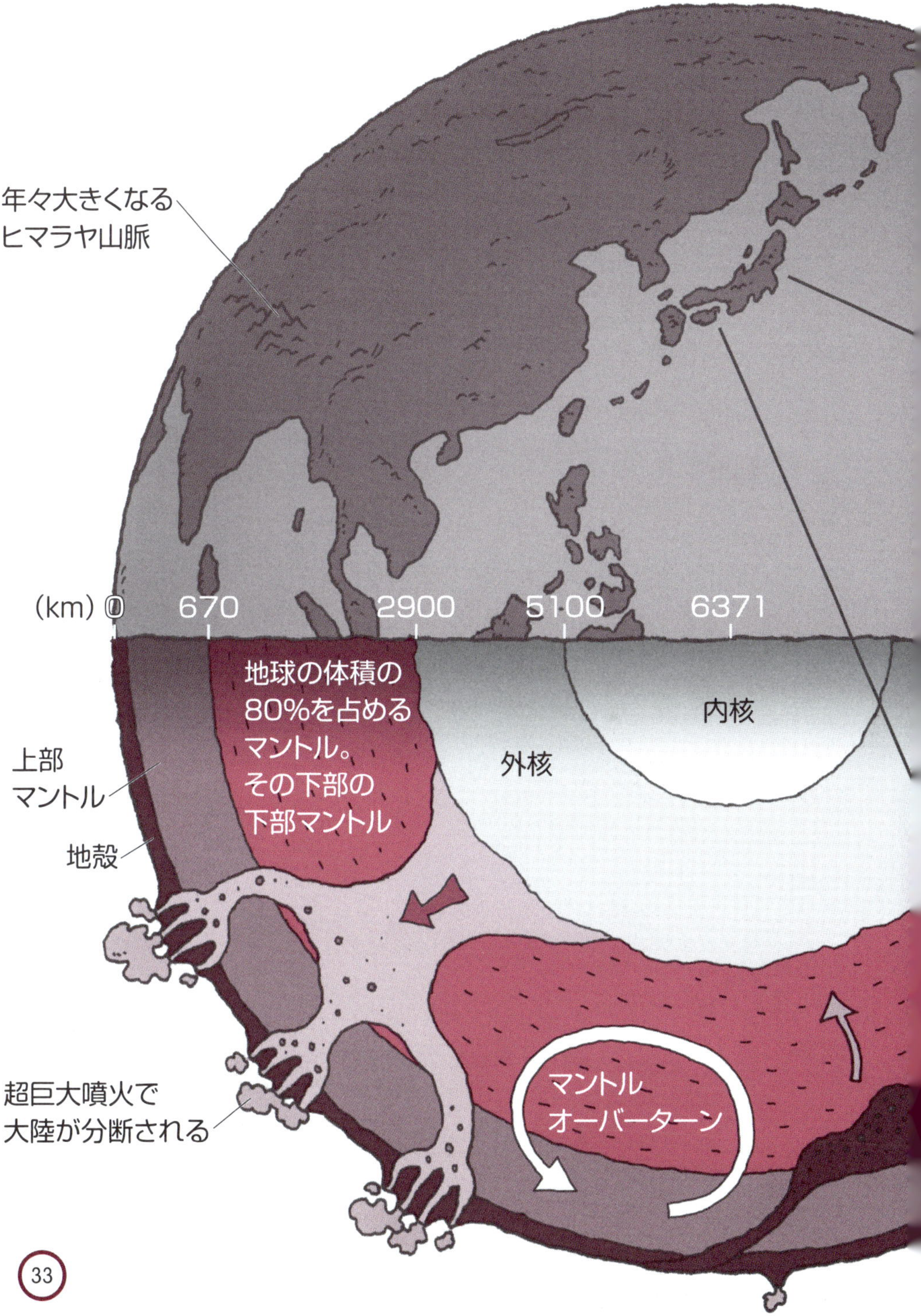
年々大きくなる
ヒマラヤ山脈
(km) 0
670
2900
5100
6371
地球の体積の
80%を占める
マントル。
その下部の
下部マントル
内核
外核
上部
マントル
地殻
超巨大噴火で
大陸が分断される
マントル
オーバーターン

01 大陸の発生と成長のメカニズム

陸地の誕生

46億年前、生まれたての地球はマグマの海（マグマオーシャン）におおわれていた。40億年前になると地表は冷えて地殻ができる。

その後、大量の雨が降ったことで地球は海におおわれてしまい、陸地はほとんどなかった。

この頃から地球表層部ではプレート運動が始まった。海洋底の中央海嶺でマグマが噴出し、海洋地殻がつくられていった。海洋地殻は最終的に「沈み込み帯（海溝）」で地中へもぐり込んでいく。

このとき、もぐり込めなかったプレートの一部が大陸地殻となり陸地を成長させていった。さらに沈み込み帯ではマグマ活動が起きて、地下では深成岩が固結し、地表では火山も噴出して陸地は大きくなっていった。

陸地が集まり超大陸に成長していった

当時は地球をおおうプレートの数も今よりずっと多く、それに伴う沈み込み帯もたくさんあったと推測されている。その結果、小さな大陸が次々と生まれていった。

小さな大陸はプレート運動により移動し、互いに合体を繰り返すことでより大きな大陸へと成長していった。28億年ほど前には、マントルのオーバーターン（→46ページ）が発生し、プレート運動も活発化して、大陸が一カ所に集まり最初の超大陸が誕生することになる。

大陸誕生から成長へのメカニズム

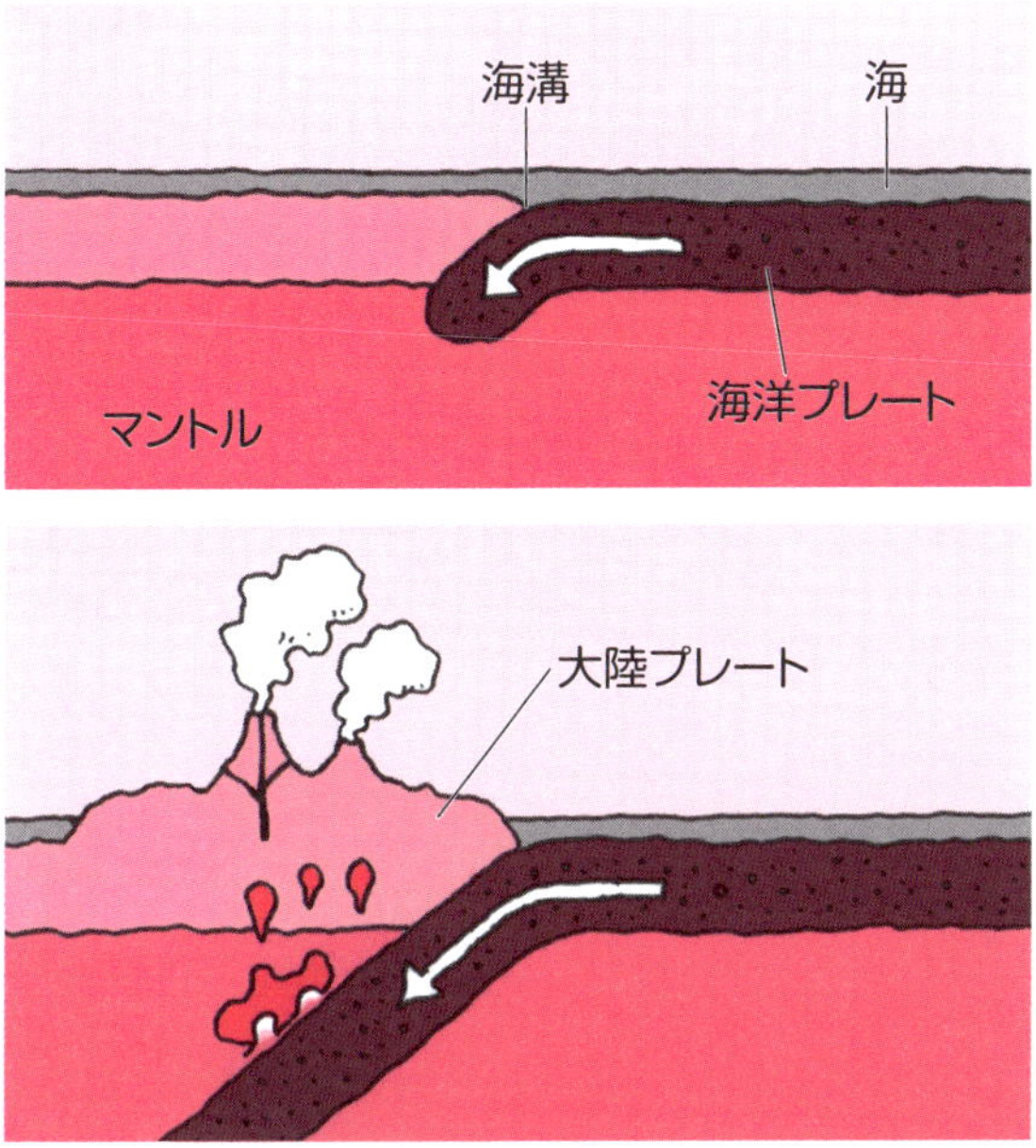

大陸誕生

地球表層部でプレート運動が始まると海洋プレートは別のプレートの下へと沈み込む。沈み込んだプレートと一緒に地下へ運ばれた水分がマントル内の岩石を溶かしマグマを作る。マグマはマントルより軽いため、ある程度たまってくると地表近くまで上昇していく。上昇したマグマは冷やされてかたまり、陸地ができる。さらにマグマの一部は噴火して火山をつくる。

こうしたことが地球上のいたるところで発生し、小さな孤島がたくさんつくられていった。そして、孤島が移動し合体することで、さらに大きな陸地へと成長していく。

大陸の成長

大きな陸地となった大陸プレートには、海洋プレートがぶつかり、地下へ沈み込むようになった。その際、もぐり込めなかったプレートの一部が大陸に付け加えられていくことで、さらに陸地を成長させていく。また、地上付近まで上昇したマグマは火山をつくり、火山活動により噴出した溶岩でも陸地は大きくなっていった。こうしてできた大陸もプレート運動により移動し合体を繰り返すことで、より大きな大陸へと成長していく。その後、マントルのオーバーターンなどにより、プレート運動が活発化したことで、大陸が一カ所に集まり超大陸が誕生した。

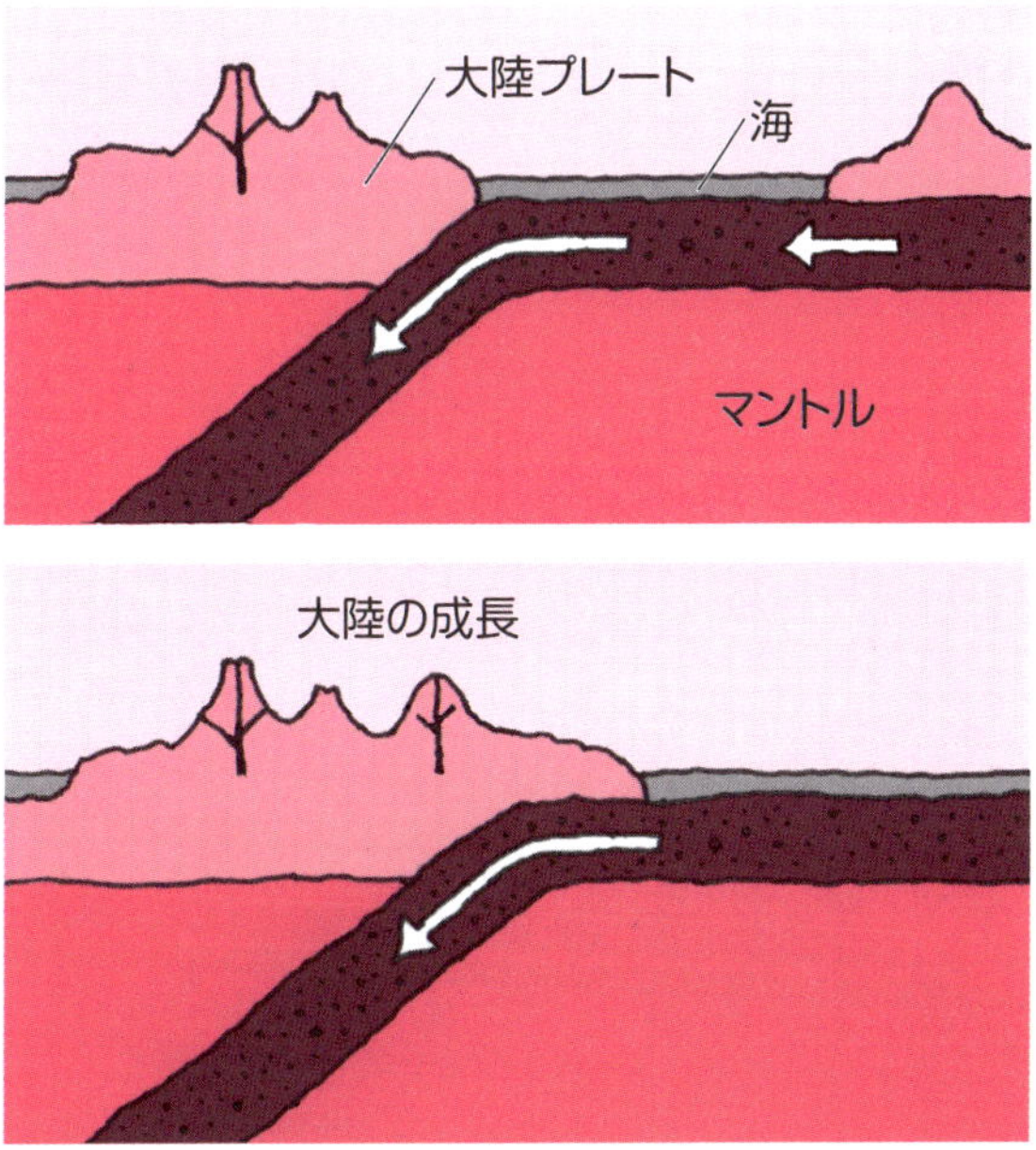

02 地球の表面をおおう巨大な岩板

地球をおおう十数枚のプレート

地球の表面は、陸地や海をのせた厚さ60から100㎞ある十数枚ほどのプレートでおおわれている。巨大な岩石の板のようなもので「岩板」という。具体的には、地殻と上部マントルの最上部の硬い部分があわさったものが「プレート」である。この部分のことを別名「リソスフェア」という（→44ページ）。プレート（リソスフェア）の下、地表から200ないし300㎞くらいまでは、「アセノスフェア」と呼ばれる上部マントルが比較的柔らかな部分がある。大陸をのせたプレートの密度は、その下にあるアセノスフェアの密度よりも小さいため、ちょうど海に浮かぶ氷山のようにプレートがアセノスフェアの上に浮かんだ状態になっている。この現象を「アイソスタシー」という。

プレートの一生

海底にはマグマが噴出し、それがかたまってできた山脈がある。この海底山脈のことを「海嶺《かいれい》」といい、マグマが噴出する中央部分を「中央海嶺」と呼ぶ。

この中央海嶺から左右両側に広がるように海洋プレートが生まれる。そして、陸地に接する沈み込み帯（海《かい》溝《こう》）で海洋プレートは地下へもぐっていく。海洋プレートはこのように沈み込んでしまうため、2億年前より古いものは知られていない。一方、大陸プレートは40億年前以降の記録が残っている。

十数枚ある地球のプレート

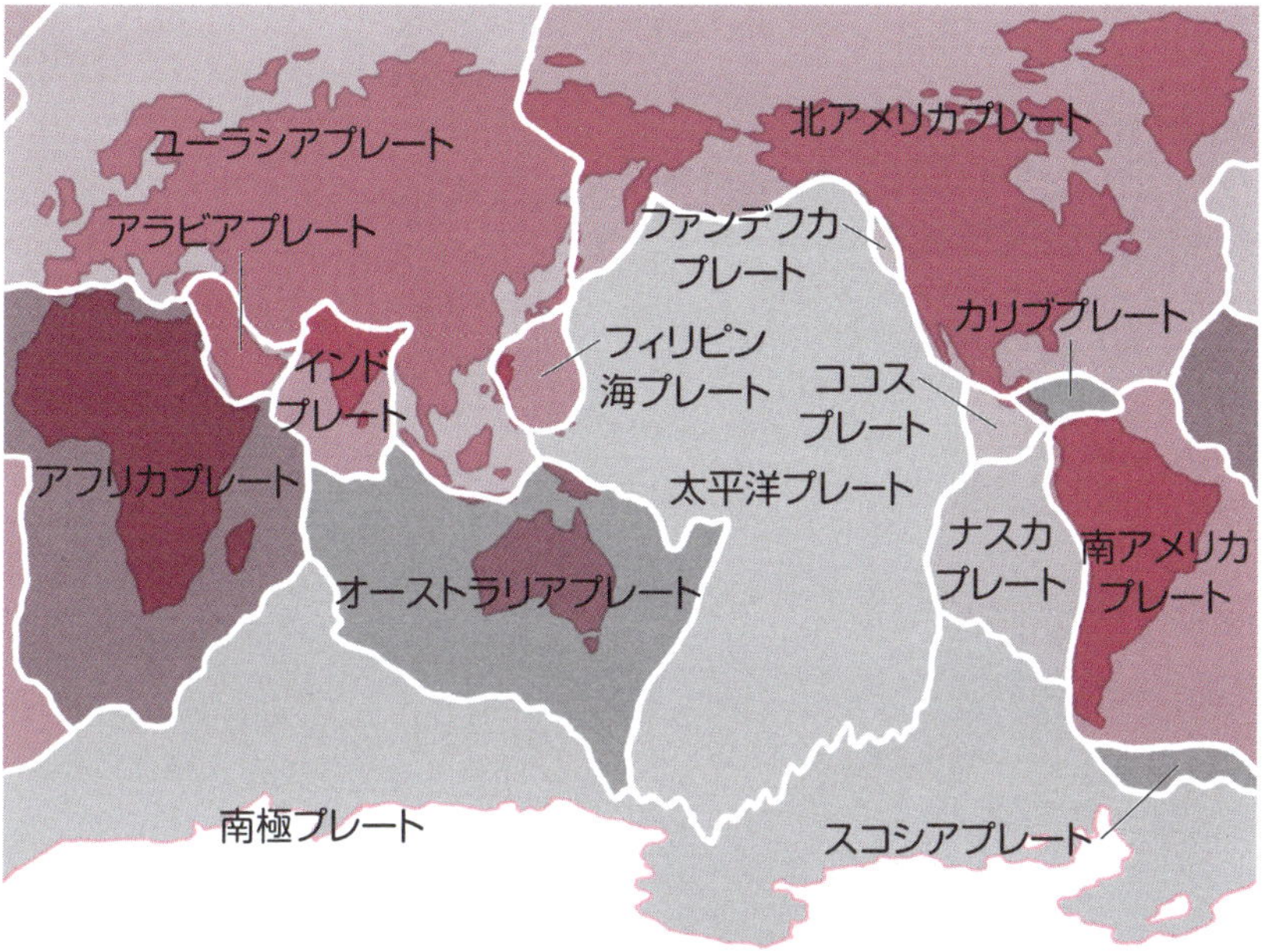

プレートの一生

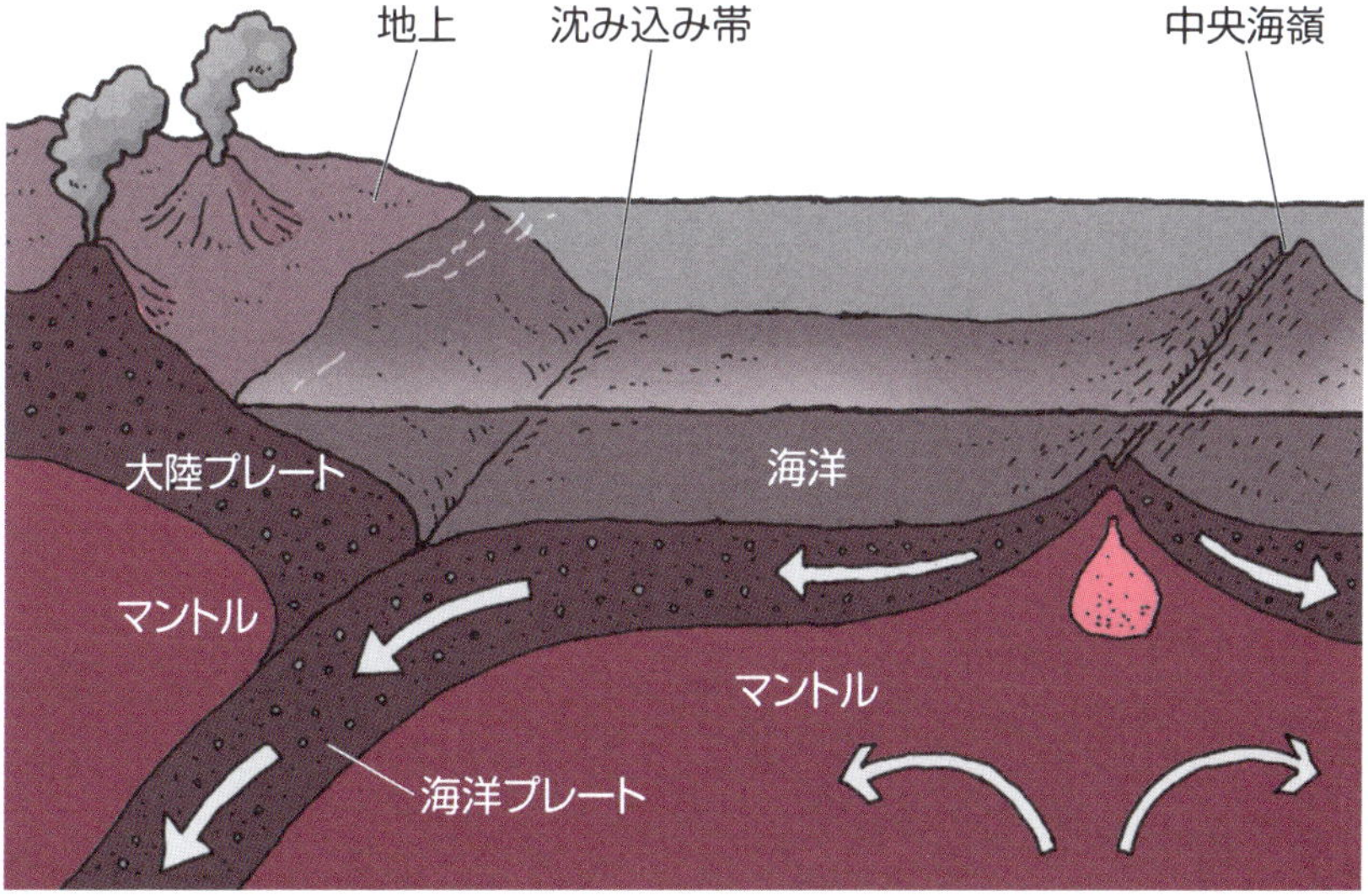

03 大陸の合体と分裂には規則性があった

大陸が合体・分裂するしくみ

地球上にある大陸の8割以上がひとつに合体し、巨大な大陸になったものを「超大陸」と呼ぶ。これまで4つの超大陸が生まれ、分裂したと推測されている。

こうした大陸の合体と分裂の繰り返しを「ウィルソンサイクル」という。ウィルソンサイクルは大きく6つの段階からなり、数億年かけて繰り返していたと考えられている。これまでに3回のウィルソンサイクルがあり、現在は4回目が進行している途中だという。

ウィルソンサイクルの6つの段階

①ホットプルームの上昇により大陸に亀裂ができ、大陸の分裂が始まる。
②大陸が分裂し、間に海洋底が誕生する。
③現在の大西洋のように海底にできた海嶺が海洋プレートを生み出し、海洋底が拡大していく。
④より重い海洋プレートは、ときに軽い大陸プレートの下に沈み込む。
⑤海洋プレートの沈み込みが何億年も続くと最終的には海嶺も沈み込む。その結果、海洋底が縮小していく。
⑥海洋底がなくなり大陸が衝突する。軽い大陸は沈み込めないので押し合い、重なり合って山脈ができる。現在のヒマラヤ山脈はインド亜大陸が合体した結果できた（↓40ページ）。

ウィルソンサイクル

①大陸の分裂開始

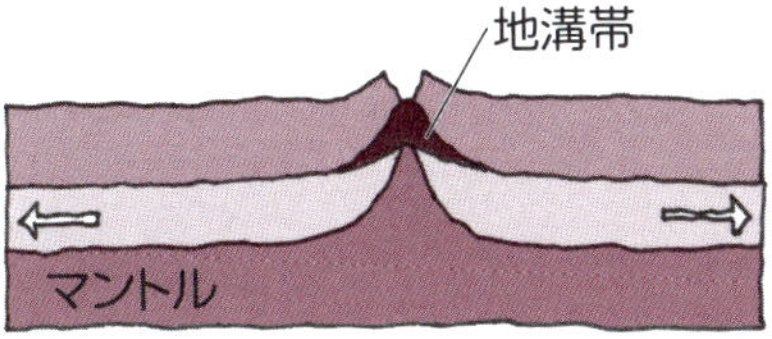

②大陸の分裂

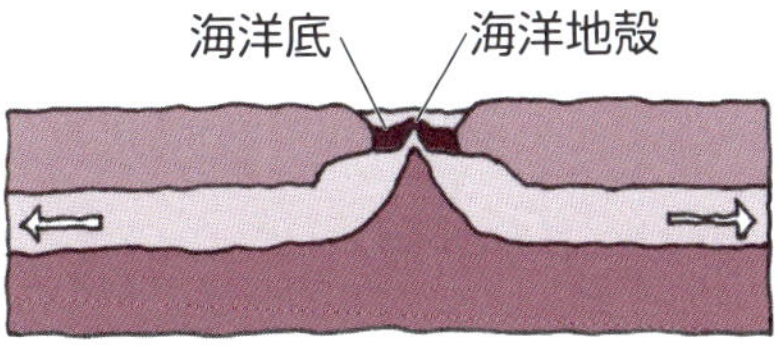

③海洋底の拡大

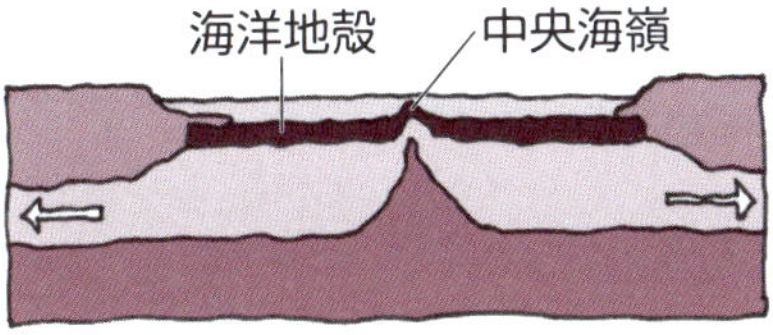

④沈み込み型造山帯

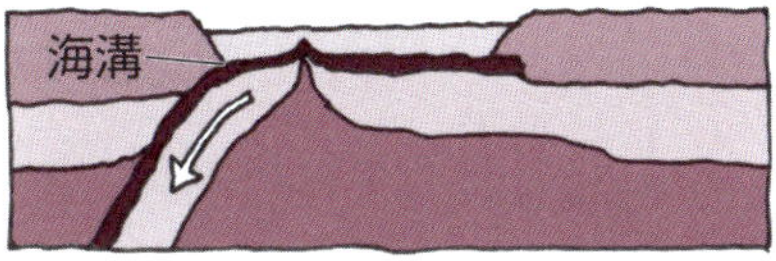

⑤大陸縁の成長

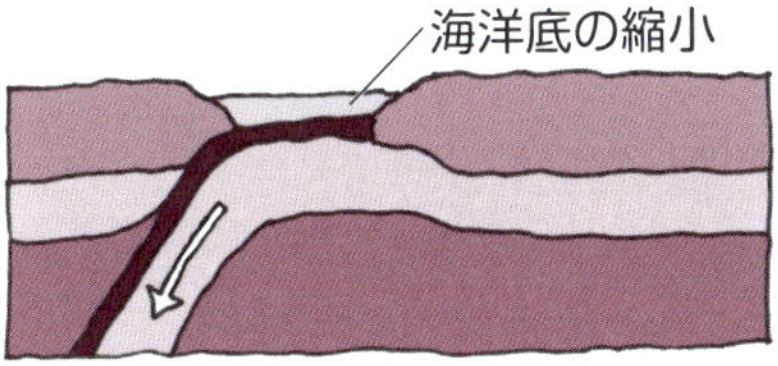

⑥大陸の衝突と海洋底の消滅

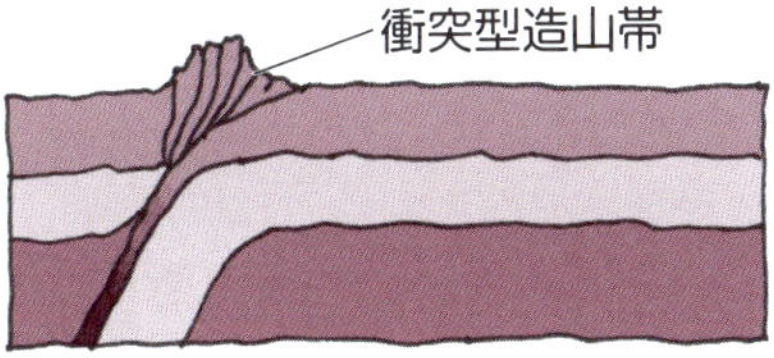

上図の①～⑥のウィルソンサイクルがみられるところ

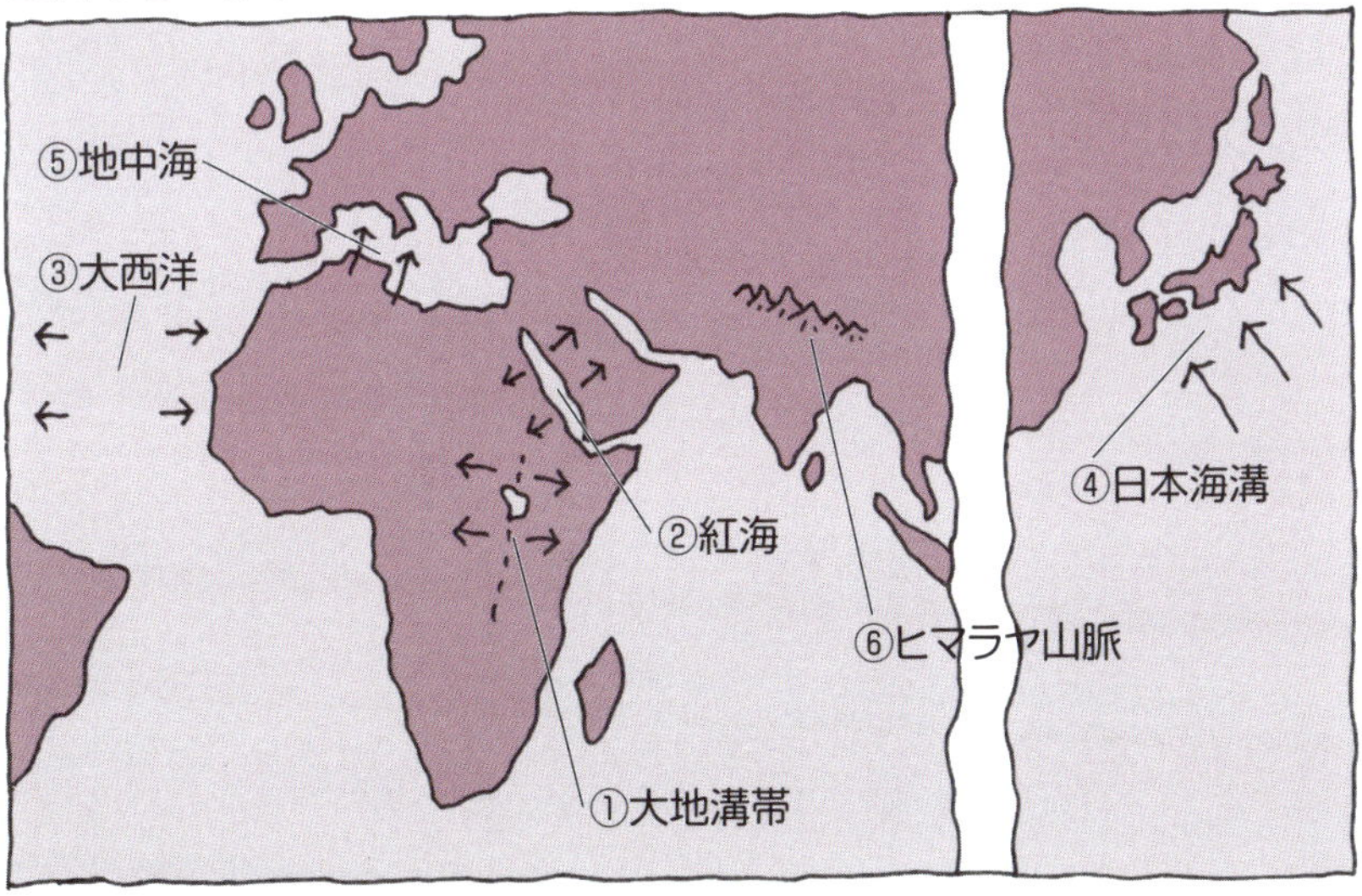

04

大陸の衝突で生まれた山脈

大陸の衝突と山脈の誕生

世界最高峰のエベレストがあるヒマラヤ山脈は、ユーラシア大陸とインド亜大陸が衝突して誕生した。

7000万年ほど前、インド亜大陸は今よりもっと南のインド洋上にあった。その後、インド亜大陸は年間10㎝の速さで北上し、4000万年ほど前にユーラシア大陸に衝突した。

インド亜大陸はユーラシア大陸の下にもぐり込み、反対にユーラシア大陸はインド亜大陸に乗り上げる形になった。

インド亜大陸が乗っている大陸プレートは海洋プレートよりも軽いためマントル内部まで沈み込むことはなく、ユーラシア大陸と重なり合ってしまった。

その結果、ユーラシア大陸の地殻を押し上げ標高8000m以上のヒマラヤ山脈を誕生させたのである。

年々高くなる山脈

現にヒマラヤ山脈からは海に生息する貝などの化石が見つかっている。そして、現在もインド亜大陸は年間5㎝の速度で北上しているため、ヒマラヤ山脈も少しずつ高くなっている。

同様に、標高4000m以上のモンブランやマッターホルンがあるアルプス山脈もユーラシア大陸にアフリカ大陸が衝突して誕生したものである。

大陸の衝突で生まれたヒマラヤ山脈

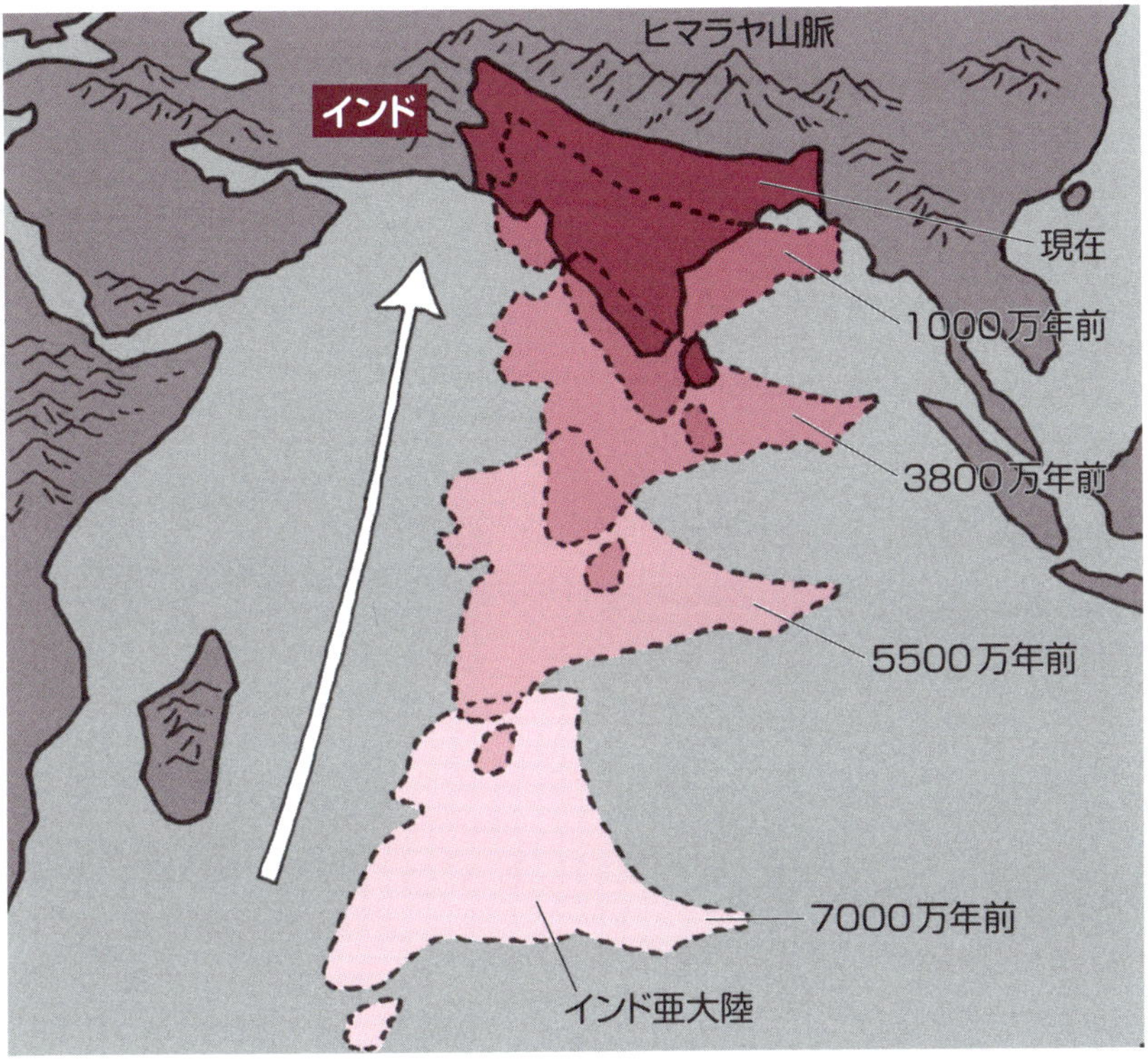

山脈が大きくなるようす

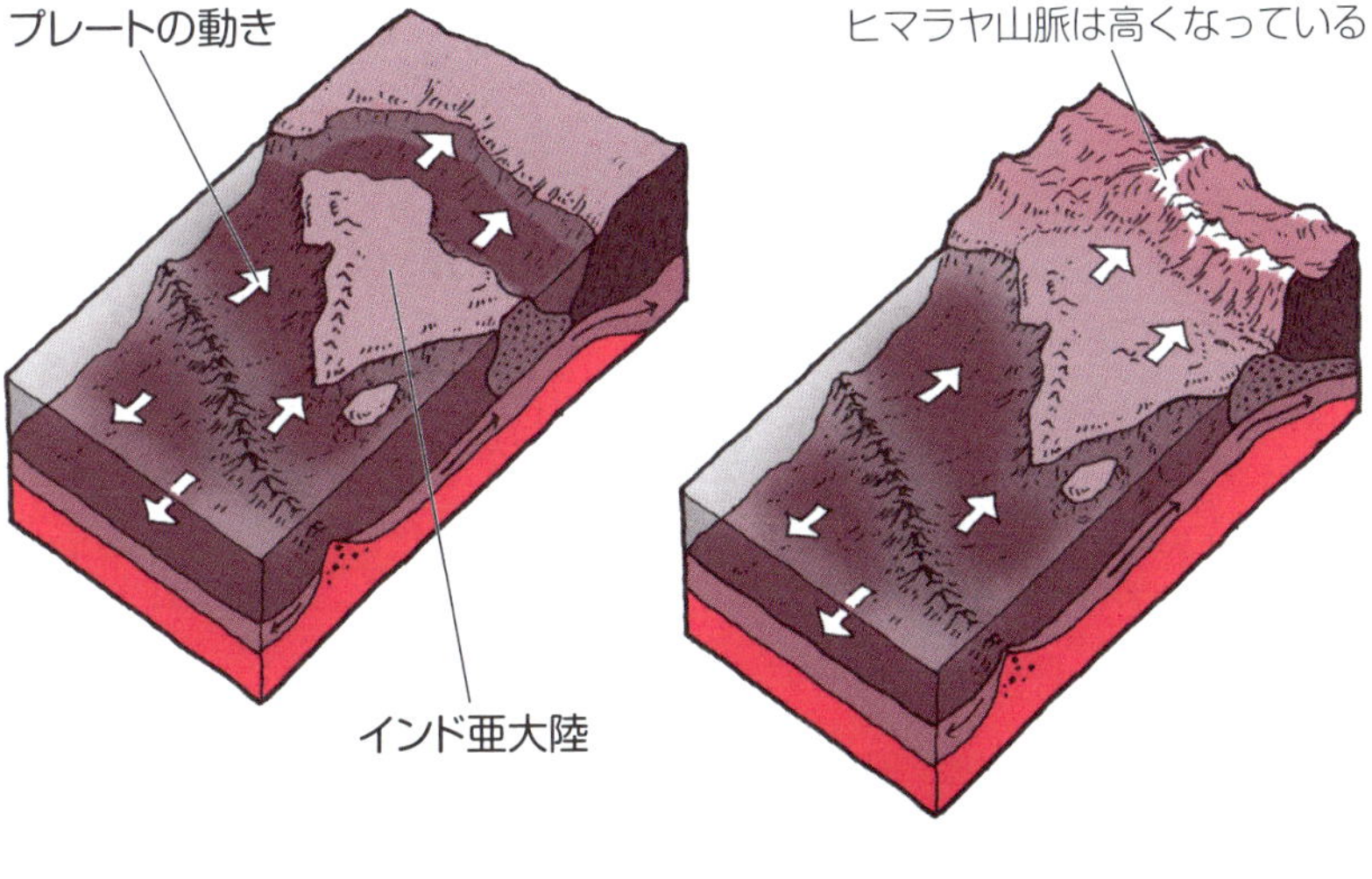

05 5億年間の大陸移動 ――大陸は集まり、分離する

プレートは移動している

プレートはその下にあるマントルが対流することで年間数㎝というゆっくりとした速さで動いている。

さらにプレートが沈み込み帯で下降していくときに、いったん落ち始めたテーブルクロスが全てすべり落ちてしまうのと同じような力が働いていると推測されている。これは「テーブルクロス・モデル」と呼ばれている。

このようにプレートがマントル対流などにより移動するという考え方を「プレート・テクトニクス」という。

プレートが移動するというのは、すなわち大陸や海洋底が移動しているということである。

ウェゲナーの大陸移動説

大陸が移動しているという説を1912年に発表したのは、ドイツの気象学者アルフレッド・ウェゲナーだ。彼は世界地図を見て、大西洋をはさんだ南アメリカの東海岸とアフリカ西海岸の海岸線がジグソーパズルのようにくっつけられることを発見した。そして、現在、地球上にある大陸は、かつてひとつの超大陸（パンゲア）がわかれて移動した結果ではないかという「大陸移動説」を発表した。しかし、誰も信じなかった。巨大な大陸を動かすしくみを説明することができなかったからだ。

ところがその後、海洋底の研究や岩石の古磁気などからウェゲナーの説が正しいことが証明されていった。

2億5000万年前から2億5000万年後までの大陸移動

2億5000万年前

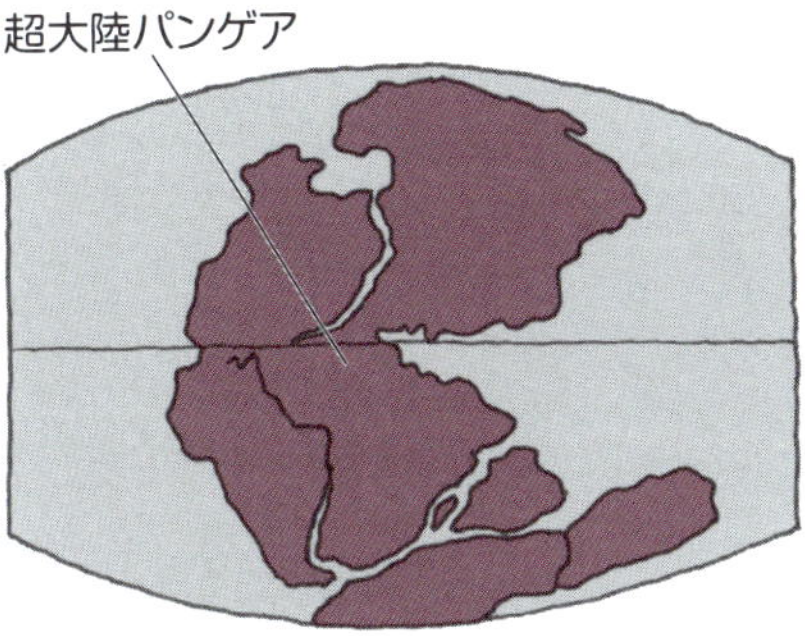

1億3500万年前

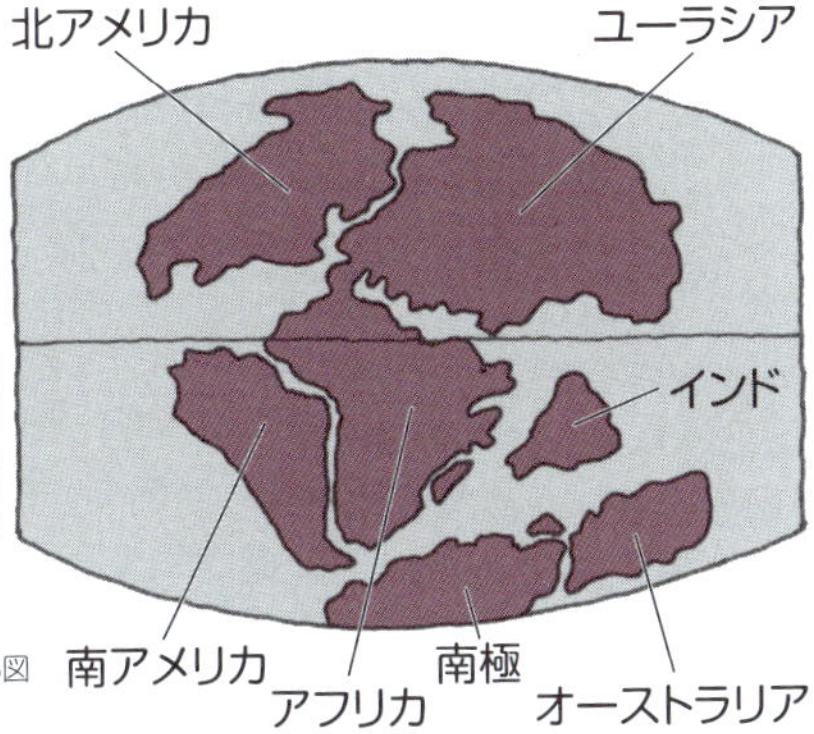

参考資料：W. Jacquelyne Kious and Robert I. Tillingによる図

現在のプレートの動き

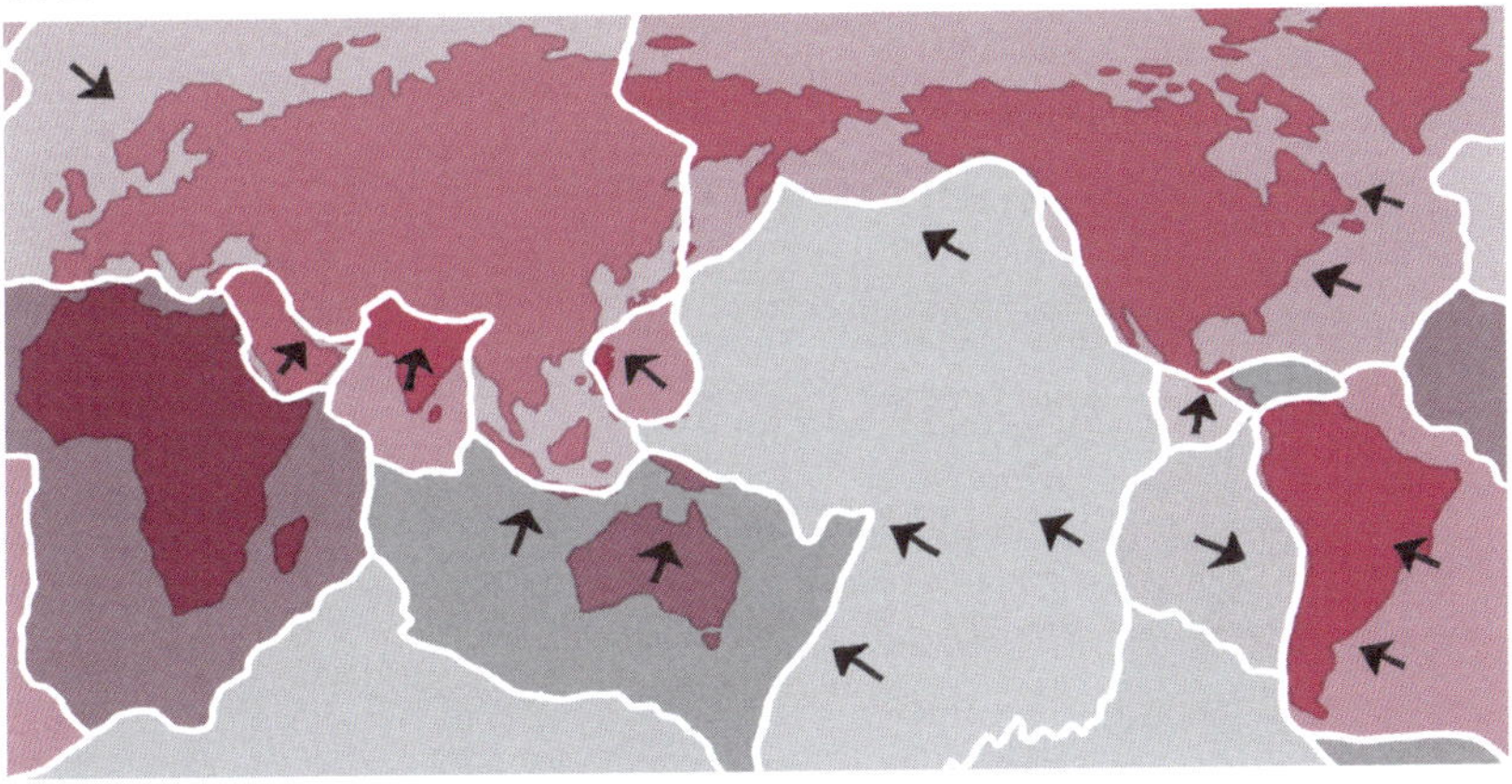

2億5000万年後（超大陸アメイジア誕生説）

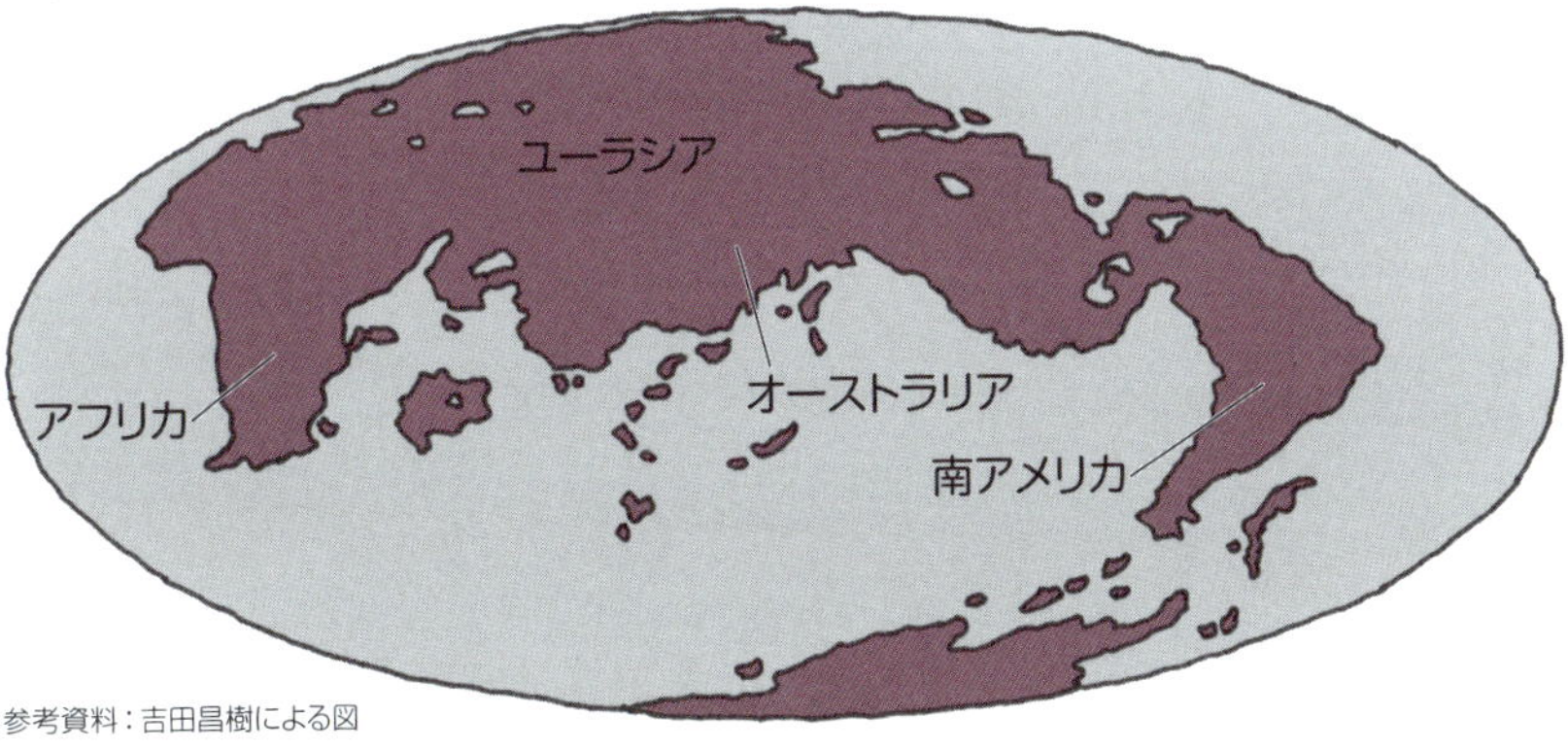

参考資料：吉田昌樹による図

06 地球の3割は鉄でできていた

地球の内部のつくり

地球の表面は30％が陸地、70％が海でおおわれている「水の惑星」だ。ところが地球内部に目を向けると、地球の重さの34％が鉄という「鉄の惑星」でもある。

地球の半径は6371㎞で、その内部は地表側から地殻、マントル、核という3つの層にわかれている。

一番外側の地殻は平均の厚さが30㎞ほどで、陸地をつくっている大陸地殻（平均の厚さ40㎞）、海底をつくっている海洋地殻（平均の厚さ6㎞）がある。

地殻の下、2900㎞の深さまであるのがマントルで地球の体積の80％を占めている。マントルは地殻とは異なる岩石でできており、固体だがゆっくりと対流している。また密度などの違いからマントルの上側を「上部マントル」、下側を「下部マントル」という。

核の中で電流が発生している

マントルの下、地球の中心部分には半径3400㎞の核がある。核は主に鉄やニッケルなどの金属でできているが、液体の金属でできた外核と、その内側にある固体の金属でできた内核の二重構造になっている。核の温度は3000から6000℃以上と推測されている。

地球には「地磁気」という磁場があるが、外核の中にある液体の金属が対流することで電流が発生し、それにより磁場ができると考えられている（→48ページ）。

地球の内部構造

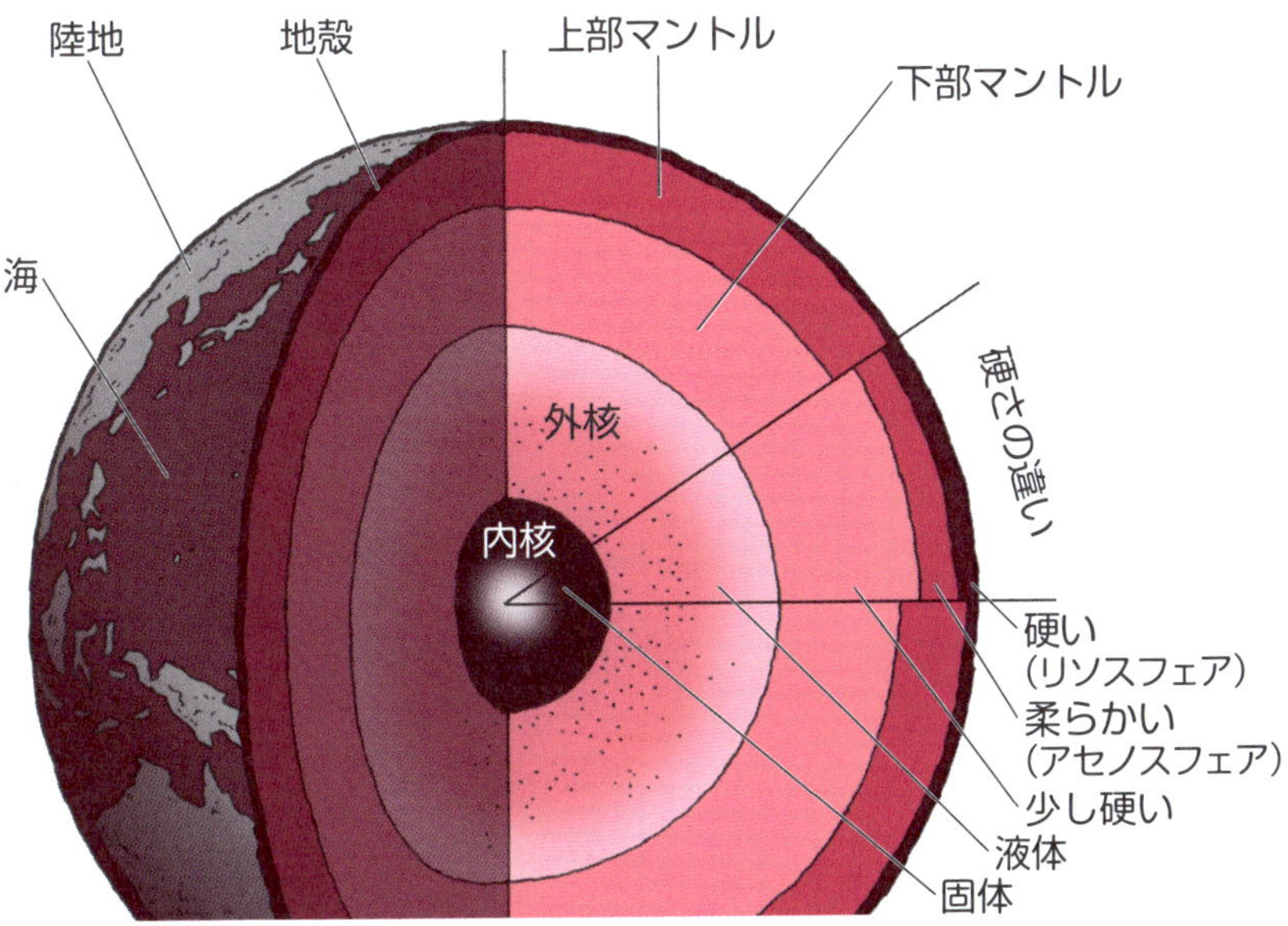

地球を構成する物質

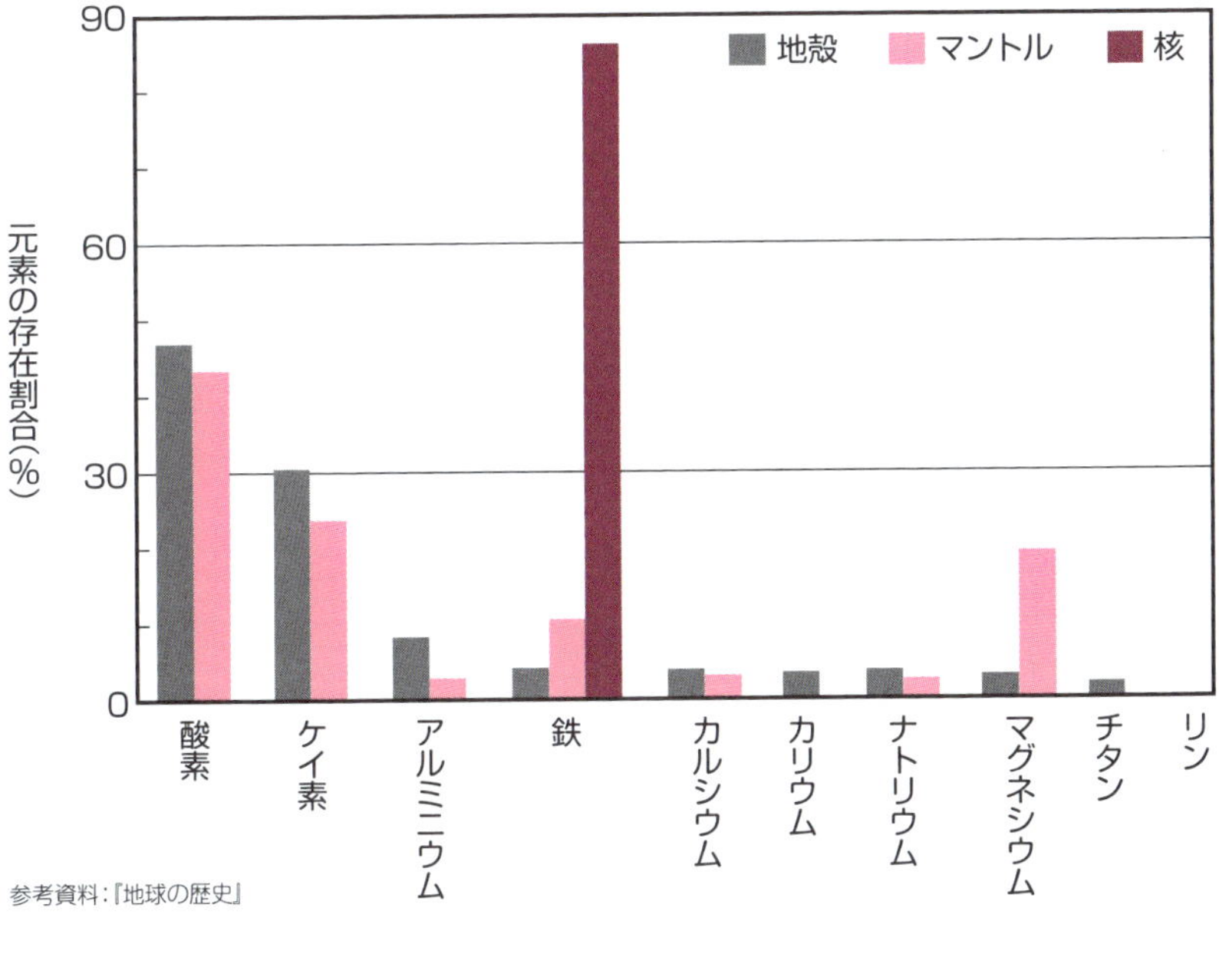

参考資料：『地球の歴史』

07 地球内部のダイナミクス①
——地球内部は循環していた

動く地球内部

中央海嶺で生まれたプレートは、沈み込み帯で地下へもぐっていく。そして、もぐったプレート（スラブ）は上下マントルの境界付近に周囲よりも低温のかたまりとなってたまっていく。たまった巨大なプレートのかたまりは数億年ごとに、地球の中心にある核の近くまで下降していく。低温のマントルのかたまりが沈んでいくようすから、これを「コールドプルーム」という。ちなみにプルームとは煙のことだ。

コールドプルームが核付近まで沈んだ反動で、逆に熱いマントルの巨大なかたまりが上昇していく。これを「ホットプルーム」という。

マントル対流のしくみ

通常、上下のマントルはそれぞれの内部で対流が起きている。これをマントルの「二層対流モデル」という。

ところが、前述したようなコールドプルームの下降にともなうホットプルームの上昇が起きると、上下マントル全体で大きな対流が発生する。これを「全マントル対流モデル」という。また、このように上下のマントルが入れ代わるような現象をマントルの「オーバーターン」という。マントルのオーバーターンが発生すると地上では火山活動の活発化や大陸分断といった大変動が起きる。こうしたプルームによる地球内部の循環を「プルーム・テクトニクス」と呼ぶ。

地球内部のプルームのようす

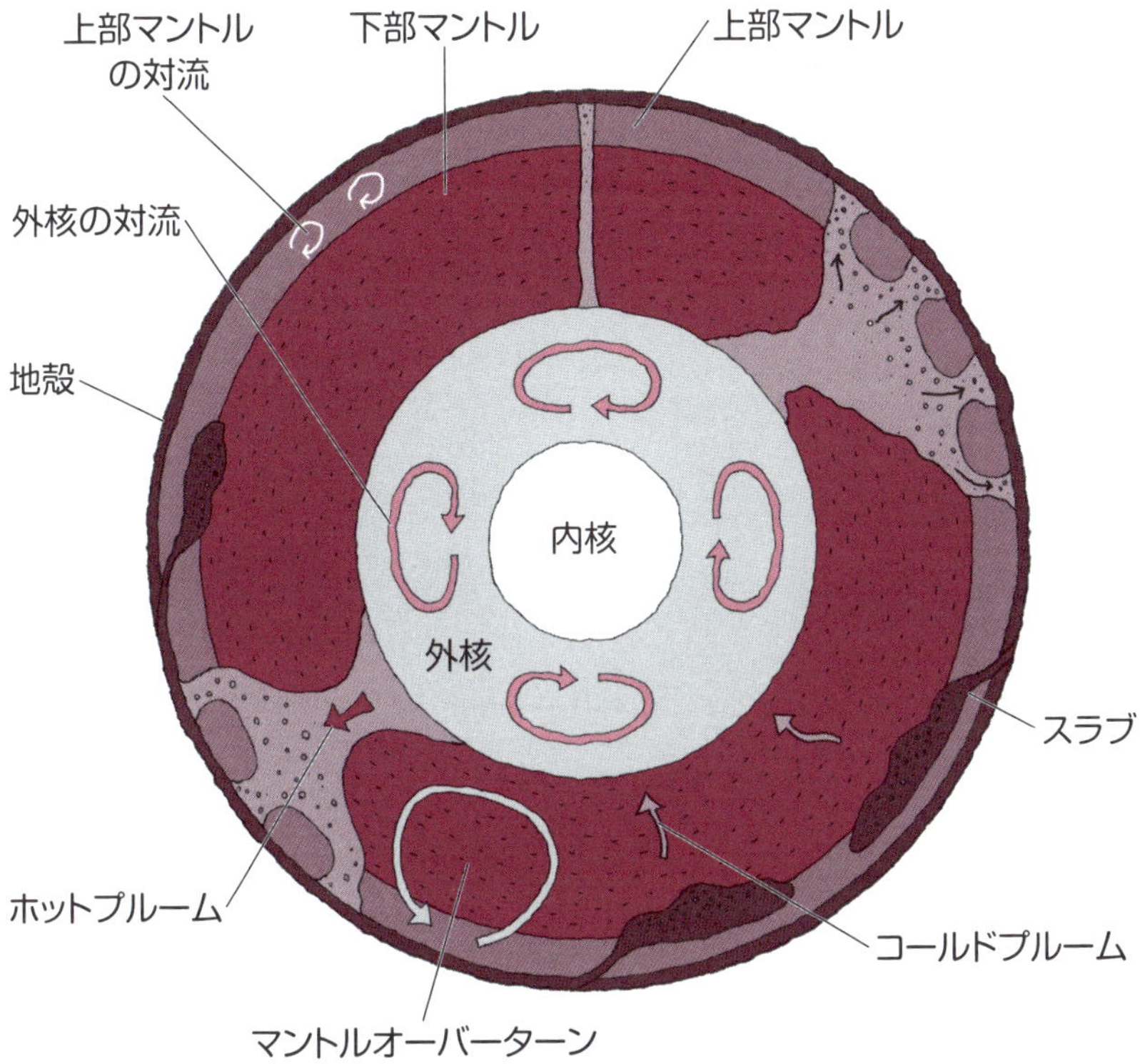

世界地図から見たプルームの分布

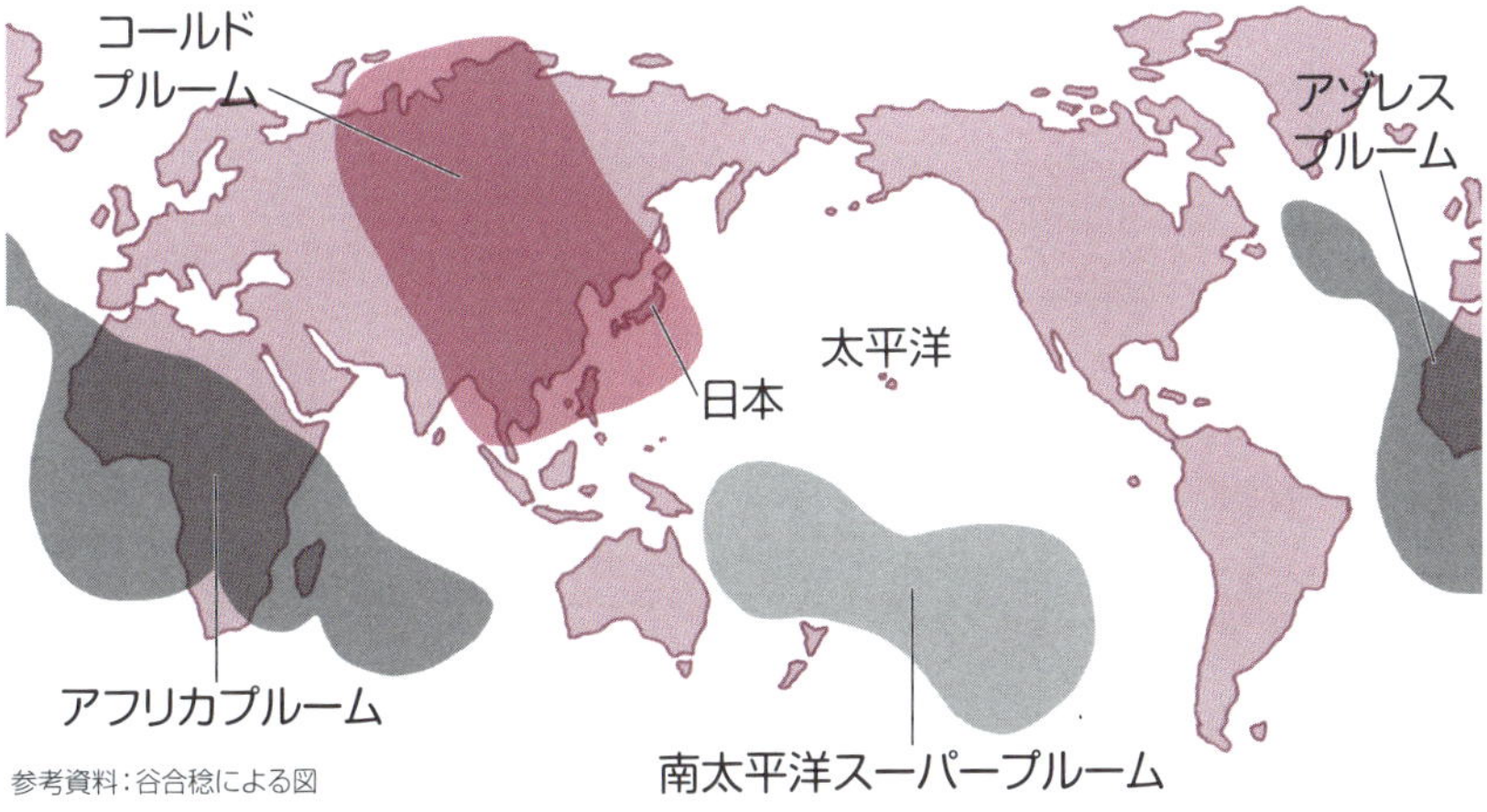

参考資料：谷合稔による図

08 地球内部のダイナミクス②
――対流によって生まれた磁場

地球の磁場が発生したしくみ

地球には地磁気という磁場がある。そのため、地球は大きな磁石のようになっている。現在、北極の近くが磁石のS極、南極の近くが磁石のN極をさしている。

地球に磁場が生まれたのは、今から27億年前に起きた大規模なコールドプルームの下降にともなうマントルのオーバーターンによるものだと考えられている。

冷たいコールドプルームが外核付近まで下降したため、外核内の液体状の金属が冷やされることになった。その結果、外核内の液体金属も核の中心へと下降し、外核内で対流が発生したのである。金属が対流したことで電流が発生し、それにより磁場が生まれた。これは「ダイナモ（発電機）理論」と呼ばれている。

地球を守る磁場は不安定だった

地球の磁場はずっと変わっていないと思っている人も多いだろうが、実は不安定で何度も逆転している。S極とN極が現在の反対になったり、またもとの状態に戻るということを繰り返している。

数十万年程経つと磁場が弱まり、不安定になって逆転が起きる。そして逆転した状態が数十万年続き、また磁場が弱まり不安定になったことで逆転して元に戻ると考えられている。こうした逆転は20億年前から比較的頻繁に起きていたことがわかっている。

磁場が発生するメカニズム

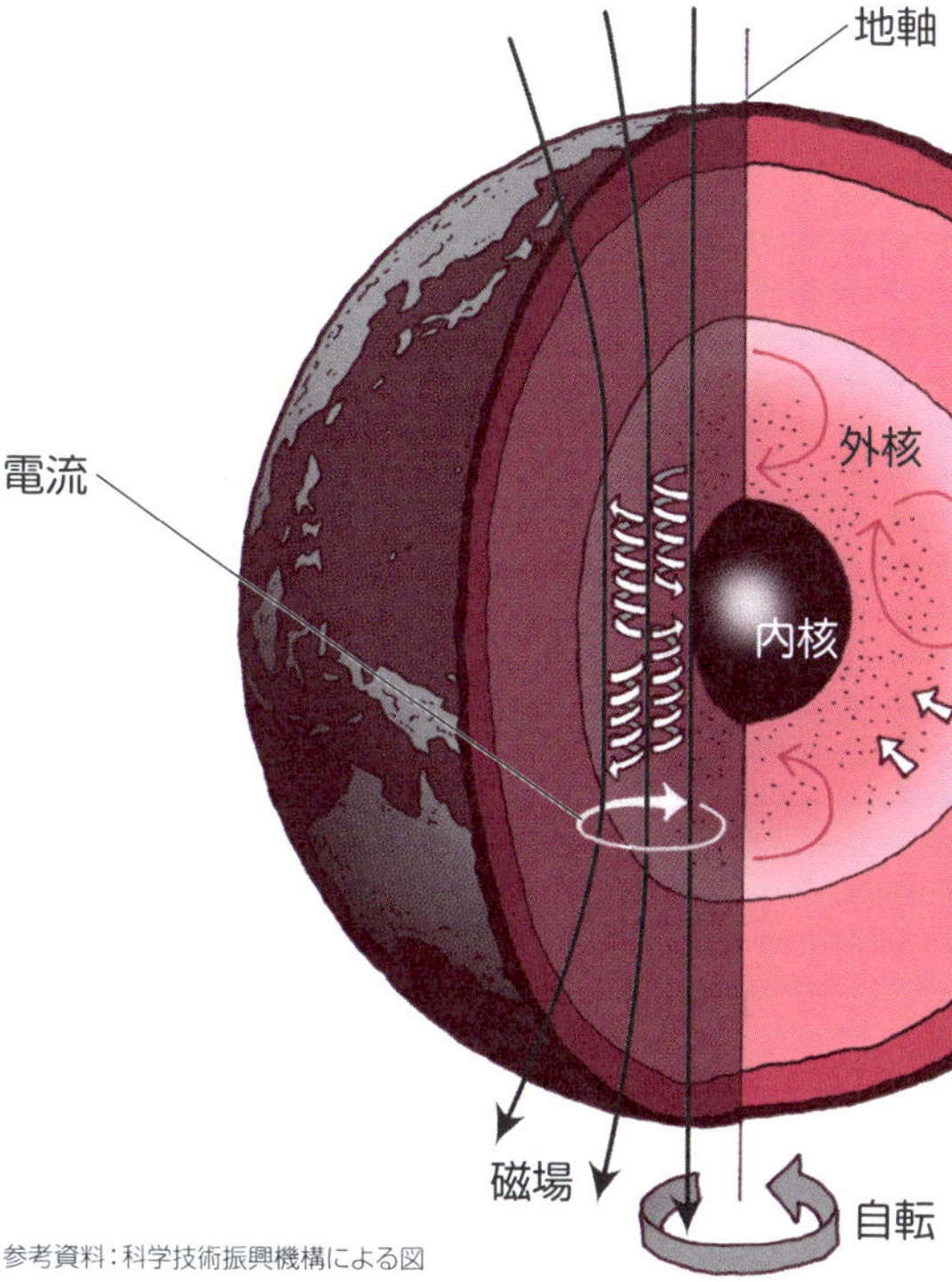

参考資料：科学技術振興機構による図

磁場の逆転現象

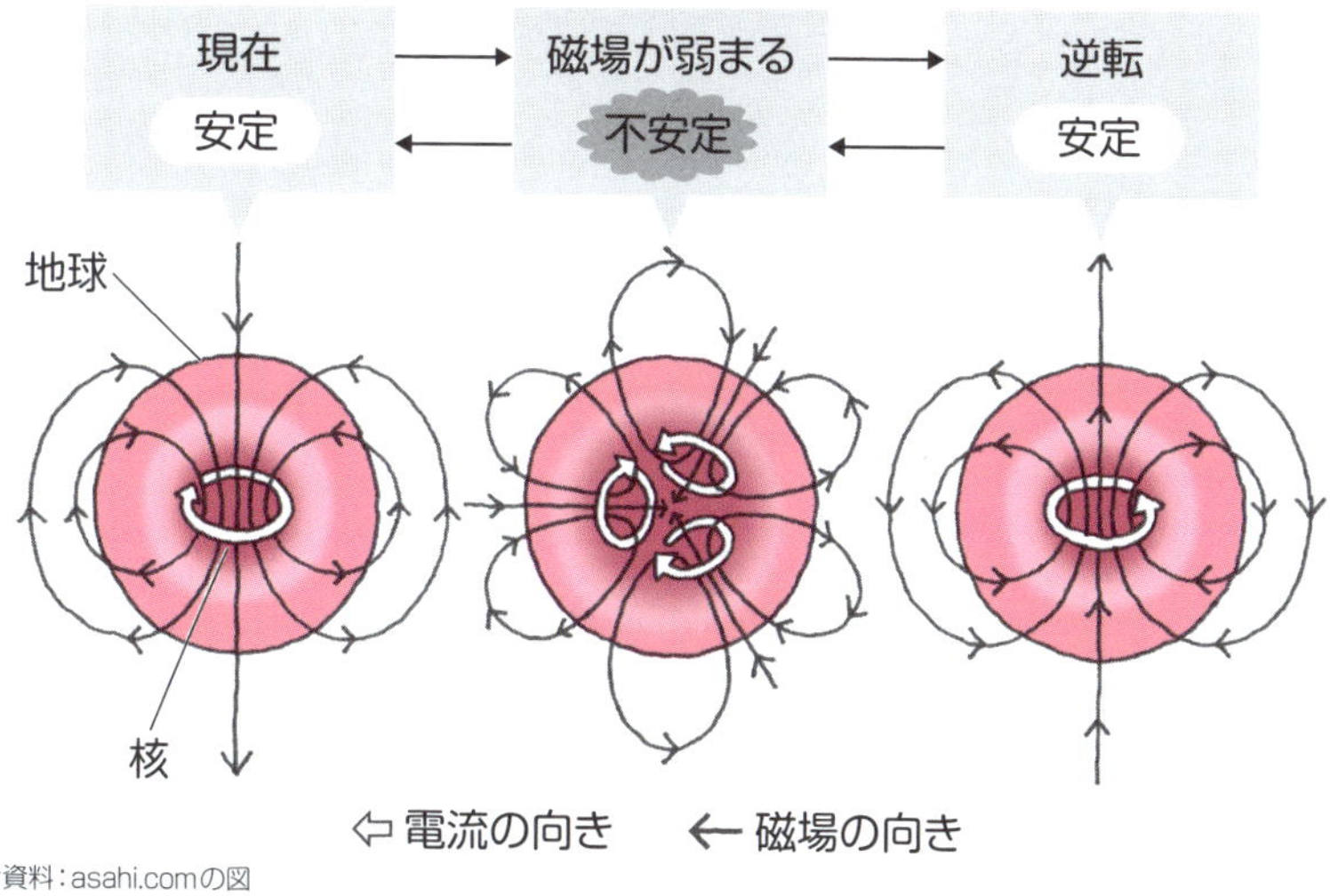

参考資料：asahi.comの図

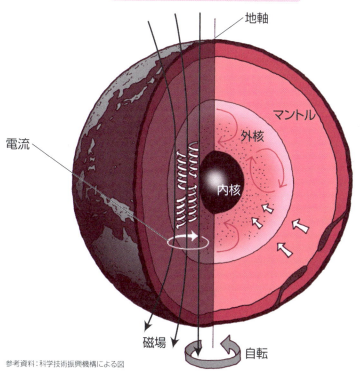

09 地球内部のダイナミクス③
――大量絶滅を引き起こす超巨大噴火

超巨大噴火がもたらす大量絶滅

コールドプルームが地球内部まで沈み込むことでホットプルームが上昇するというマントルのオーバーターンが発生すると、地上付近まで上昇したホットプルームが原因で超巨大噴火が起きることがある。

今から2億5200万年前の古生代と中生代の境目、ペルム紀末にもこうした超巨大噴火が起きた。

超巨大噴火が起きると大量の粉塵《ふんじん》や有害な火山ガスが大気中に噴出される。それにより長期間にわたり太陽光線がさえぎられ、地表が暖まらない。地球の平均気温は十数度も低下してしまう。その際に、大量の古生代の生物が絶滅した（↓100ページ）。

磁場の低下による気温低下

コールドプルームが地球内部の核付近まで沈み込むと外核内の液体金属も冷やされて対流に乱れが生じる。その結果、地磁気の逆転が頻繁に起きるようになる。すると磁場が弱まったり、磁場がゼロになることもあったと推測される。磁場が弱まると、それまで磁場によって防御されていた宇宙線が地表に届く量が増加する。それは雲の発生を増加させ、地表を厚い雲でおおう（↓26ページ）。そのため、地球の平均気温は低下することになる。

こうしたプルームによる超巨大噴火や磁場の影響で地球の気温が低下することを「プルームの冬」という。

超巨大噴火から寒冷化にむかうプロセス

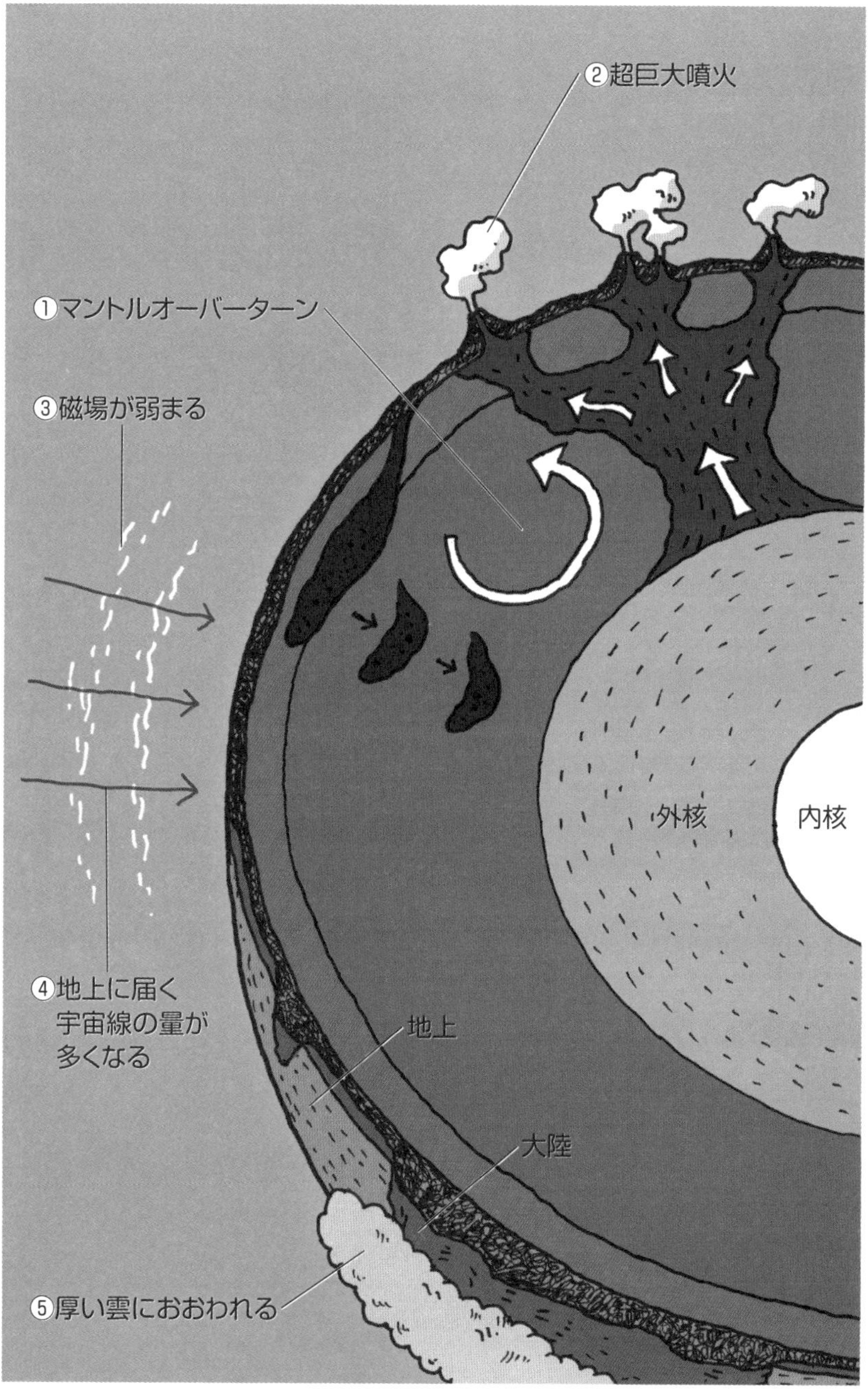

3章

「風の惑星」の設計図

地球は赤道付近から北極や南極（極地）にかけて大気がめぐり、世界中に風が発生する「風の惑星」でもある。

その地球の大気には2割の酸素と8割の窒素、それに微量の二酸化炭素とアルゴンが含まれている。ところが、誕生したばかりの地球には酸素がなかった。いうまでもなく酸素は人間をはじめ生命にとってなくてはならないものである。では、どのようにして酸素は生まれたのか。そして、生命の地上進出の鍵を握るオゾン層は、いつ、どのようにして発生したのか。

また、大気の温暖化、寒冷化を左右する二酸化炭素。その濃度バランスが安定している理由とは。

さらにオゾン層と二酸化炭素によって、どのような未来が待ち受けているのだろうか。

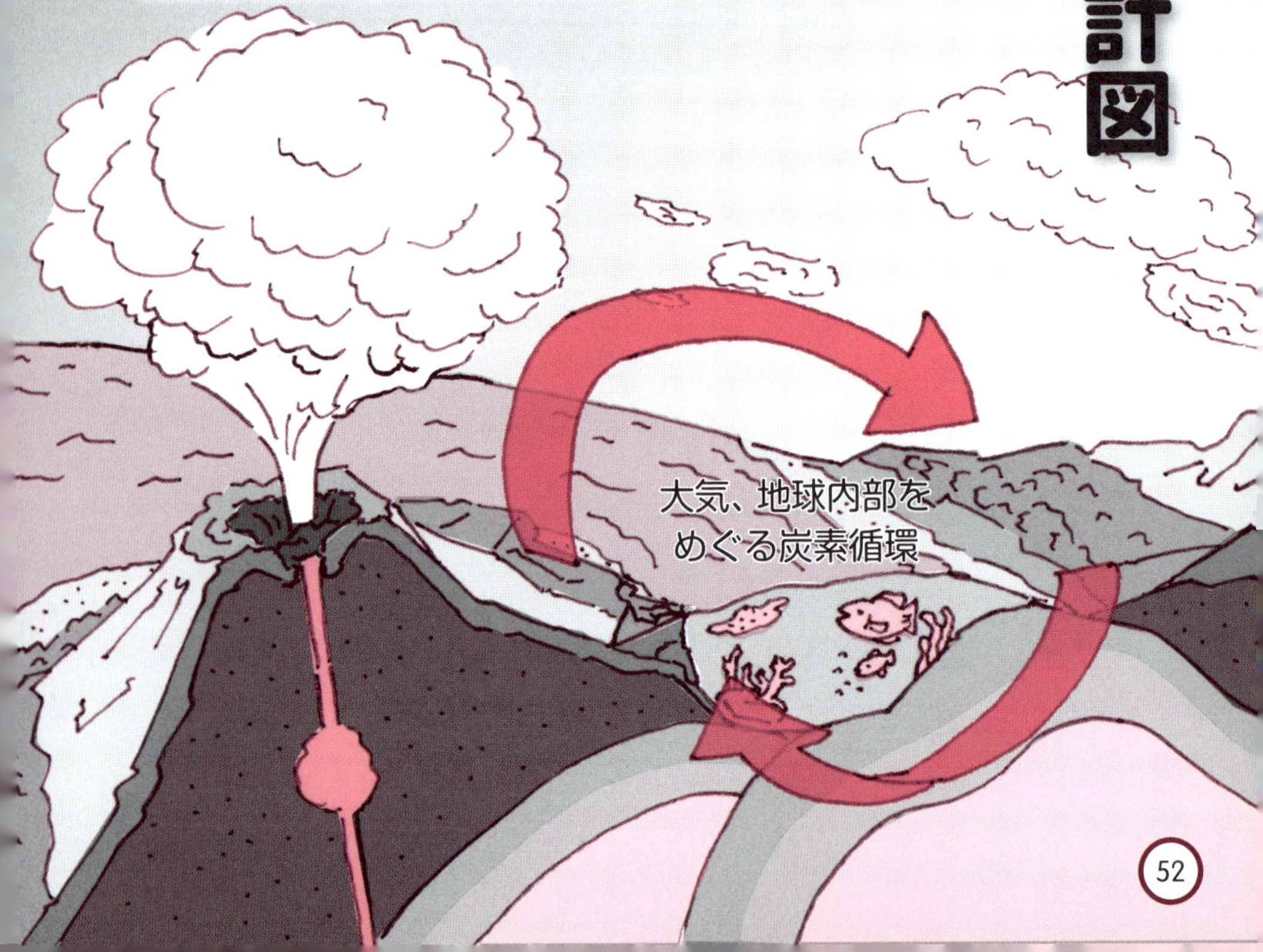

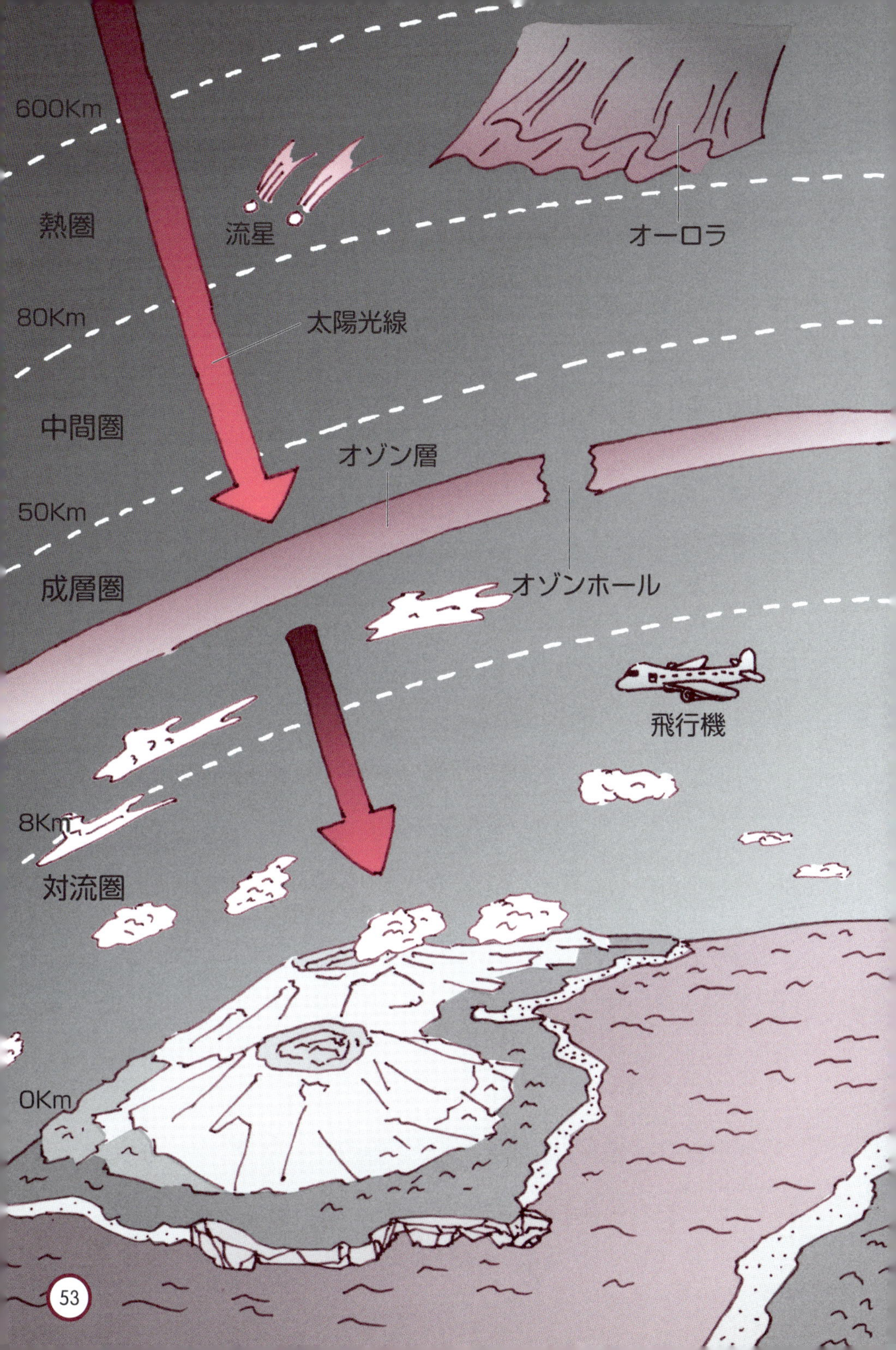
600Km
熱圏
流星
オーロラ
80Km
太陽光線
中間圏
オゾン層
50Km
成層圏
オゾンホール
飛行機
8Km
対流圏
0Km

01 「水と生命」と大気誕生の深い関係

原始地球の大気には何があったか

現在の地球の大気は、容積で約8割が窒素、酸素は約2割である。他にアルゴンや二酸化炭素などが含まれている。

46億年前、原始地球の大気は、微惑星が衝突した際にそれらと融解した地球内部から放出された水蒸気や二酸化炭素、窒素などが主な成分だった。このようにガスが放出されることを「脱ガス」という。

微惑星の衝突がおさまり、地球が冷えてくると、水蒸気は雲となり地上へ大量の雨を降らせ初期海洋を誕生させた。その結果、海ができたあとの初期大気の主成分は二酸化炭素と窒素になった。

海から生まれた現在の大気

初期の海水は強い酸性だったので、二酸化炭素を溶かすことができなかった。しかし、河川から流れ込む水に含まれていたナトリウムなどの鉱物成分により急速に中和されていった。

中和された海水に二酸化炭素が大量に溶け込んだ。こうして残った窒素が大気の主成分となった。

そして、27億年ほど前に、海中で生まれた「シアノバクテリア」と呼ばれる原核生物が太陽光を利用した光合成により酸素を作り出すようになった（→96ページ）。やがて光合成をする植物が陸上へも進出し酸素の割合が増加していった。

原始地球に大気ができるまで

①たくさんの微惑星が原始地球に衝突し、地球の一部になる。衝突時のエネルギーで地球は熱せられ、その熱でガスが噴出。このガスが原始大気となった。

②微惑星の衝突のエネルギーや原始大気の温室効果によって温度が上昇。表層はマグマでおおわれる。

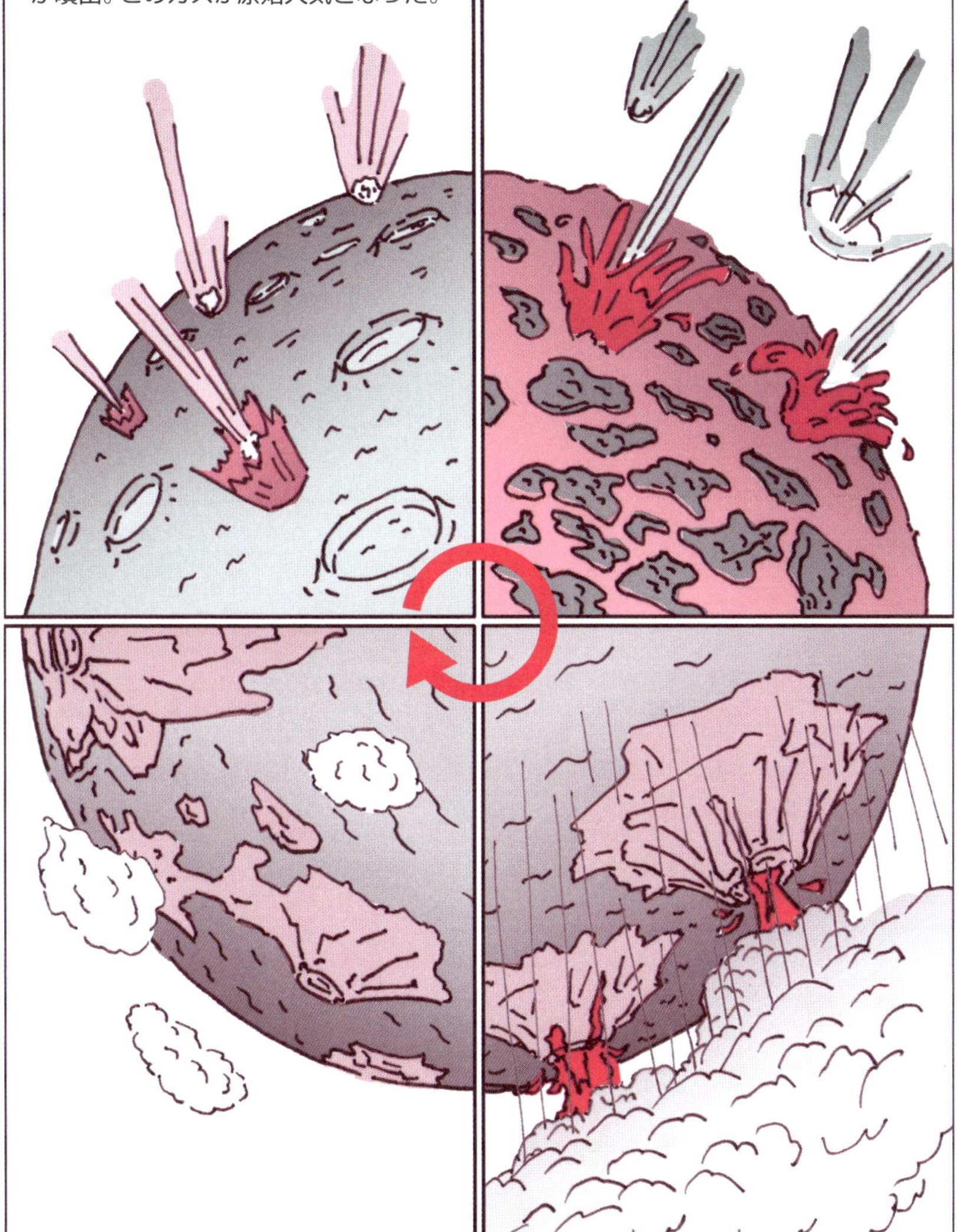

③地球が冷えてくると大気中の水蒸気は雲となり地上へ大量の雨を降らせる。その後、原始海洋が生まれ、原始大気は晴れていく。

④27億年ほど前、海中で生まれた光合成生物シアノバクテリアが酸素をつくり、大気中に酸素が増加していった。

02 酸素が地球上を満たすまで

光合成生物の出現

今から27億年前、地球や生命にとって画期的な出来事があった。光合成を行う生物が海中に出現した。その生物は「シアノバクテリア」という原核生物の一種だ。シアノバクテリアの生命活動でできたストロマトライトと呼ばれる層状の岩が化石として現在に残っている。

光合成とは太陽の光を利用して、二酸化炭素から栄養分を作り出し酸素を発生させる。

それまでの生物は海中にある栄養分を直接摂取することでしか生存できなかった。それが光合成により生物が自分で栄養分を作り体内に蓄積することができるようになった。その結果、植物などの光合成生物を食べる生物も誕生し食物連鎖が始まった。

地上に放出された酸素

重要なのは、光合成により地球上に酸素が生成されたことだ。

初期の光合成生物は海で誕生したため、光合成により発生した酸素が海中に溶け込んでいった。その後、海中に溶けきれなくなった酸素が大気中へと放出されていき、大気中の酸素濃度が増加していった。

大気中の酸素濃度が増加した結果、成層圏にオゾン層ができる。そして、オゾン層が有害な紫外線を防いでくれたことで生物は陸上へ進出することができた。

海から地上にもたらされた酸素

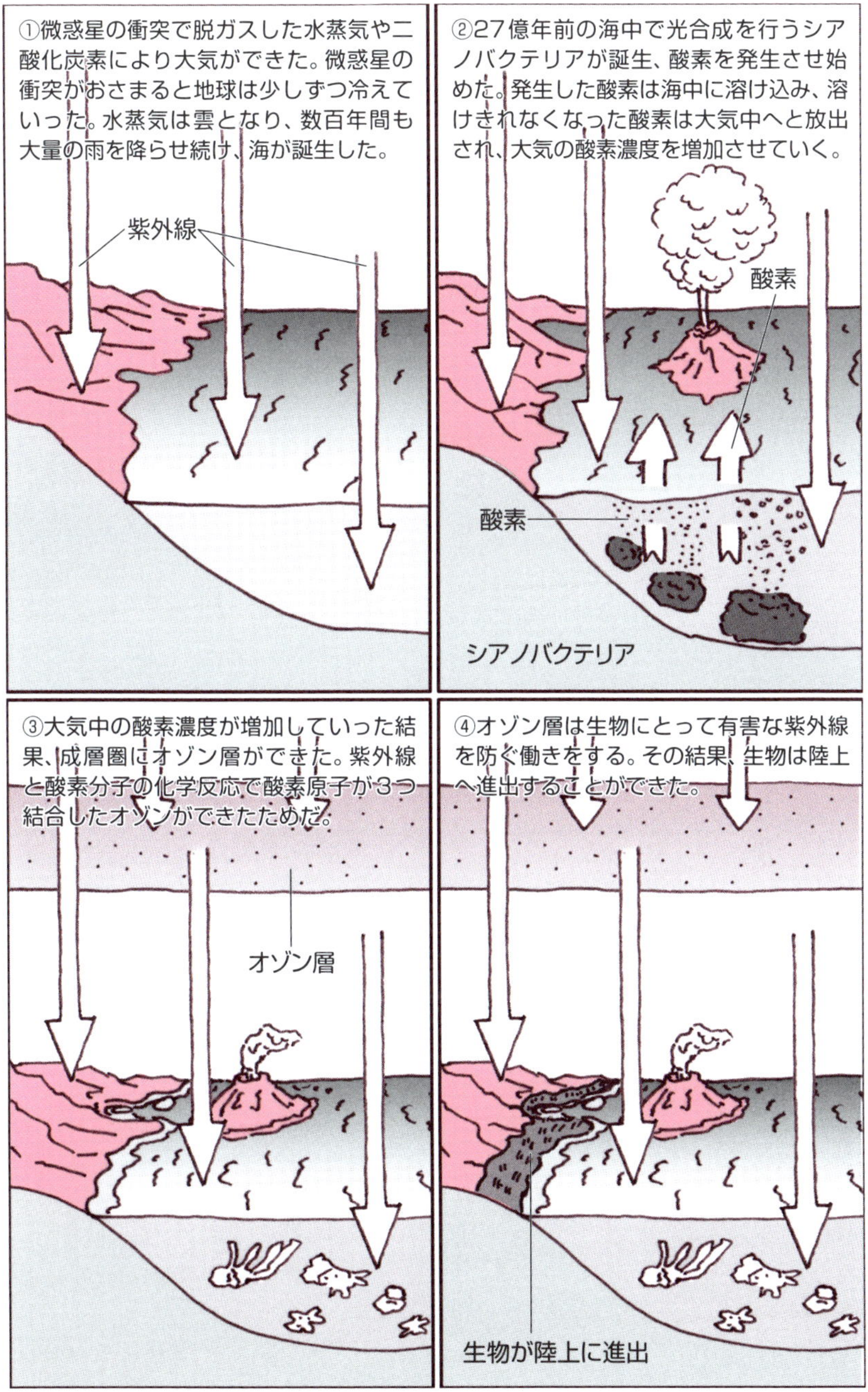

03 大気があるのは「地球のサイズ」にあった

ちょうど良い大きさが十分な大気を保持した

現在の地球には十分な大気の層があり、表面は安定した気圧で、平均気温15℃という環境に保たれている。

これは地球が太陽から絶妙な距離にあったこと（→18ページ）と、地球に十分な大気の層を引きとどめておくだけの重さ（質量）があったからだ。質量が大きいほど重力も大きくなり、それだけ多くの大気を保持することができる。例えば、月は地球の6分の1程度しか重力がないため、大気を保持できない。

また、地球よりも太陽に近い金星の表面温度は高すぎて、反対に地球より太陽から遠い火星の表面温度は低すぎる。

大気を十分に保持できなかった火星

金星は地球とほぼ同じ大きさで質量も同程度だが、表面の気圧は90から95気圧もあり、その大気の大部分は二酸化炭素である。その結果、二酸化炭素の温室効果により金星の表面温度はなかなか下がらないという環境になっている。

一方、火星の大気もそのほとんどは二酸化炭素で、表面の気圧は0・006気圧と非常に低い。そして、地球の半分ほどの大きさで質量は10分の1ほどしかない。そのため、地球のように十分な大気を引きとどめておくだけの重力が不足しており、地球よりも希薄な大気になった。

金星・地球・火星のサイズ

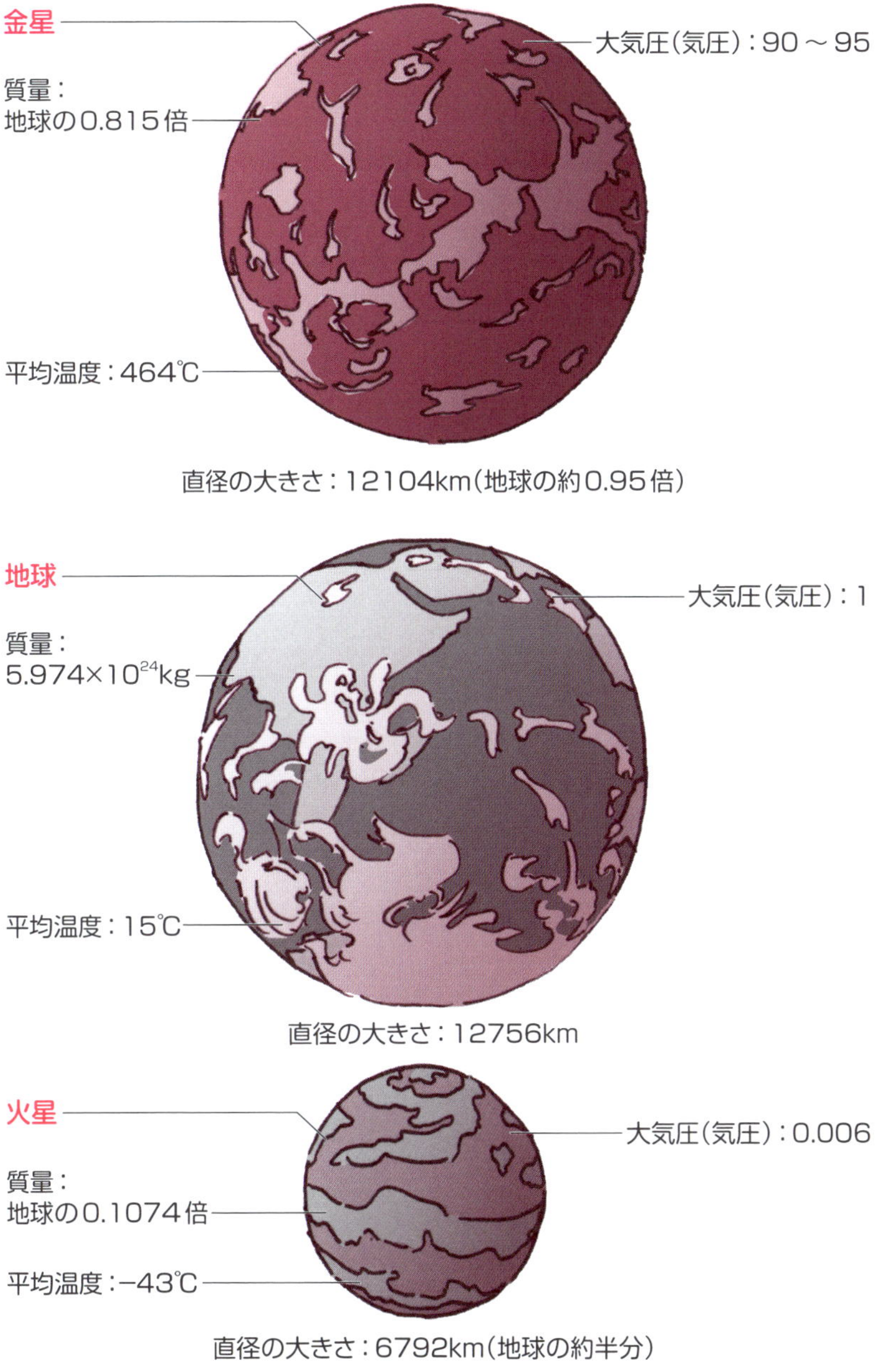
金星
大気圧（気圧）：90 ～ 95
質量：
地球の0.815倍
平均温度：464℃
直径の大きさ：12104km（地球の約0.95倍）
地球
大気圧（気圧）：1
質量：
5.974×10^{24}kg
平均温度：15℃
直径の大きさ：12756km
火星
大気圧（気圧）：0.006
質量：
地球の0.1074倍
平均温度：−43℃
直径の大きさ：6792km（地球の約半分）

04 どこまでが地球か
——大気の四層構造

大気の層は大きく４つにわかれている

大気の層は地表から近い順に「対流圏《たいりゅうけん》」「成層圏《せいそうけん》」「中《ちゅう》間圏《かんけん》」「熱圏《ねつけん》」と大きく４つにわかれている。

上空ほど大気密度は小さくなるが、窒素8割、酸素2割という組成は高度80㎞くらいまで変わらない。また高度15㎞ほどまでで全大気量の9割を占めている。

対流圏は地表から8から15㎞くらいまでの層で、太陽光により暖められた大気が活発に対流している。

雲が発生するなど気象現象が起きたり航空機が飛行するのもこの対流圏である。また、対流圏の気温は１㎞高くなるにつれて約６・５℃ずつ低下する。

２０００℃を超える熱圏

対流圏の上から高度50㎞くらいまでは成層圏である。成層圏下部の気温はマイナス55℃と低いが、上部にいくほど気温が上昇していき、50㎞付近では０℃くらいになる。これは成層圏にあるオゾン層が太陽光の紫外線を吸収し暖められているからだ。

高度50から80㎞くらいまでが中間圏である。オゾンの濃度が成層圏より低いため上部へいくほど気温は低くなる。高度80㎞付近の気温はマイナス90℃だ。

中間圏の上、高度80から６００㎞くらいまでは熱圏である。太陽からのX線を吸収し、上部へいくほど気温が急激に高くなり最上部付近では２０００℃にもなる。

大気の構造

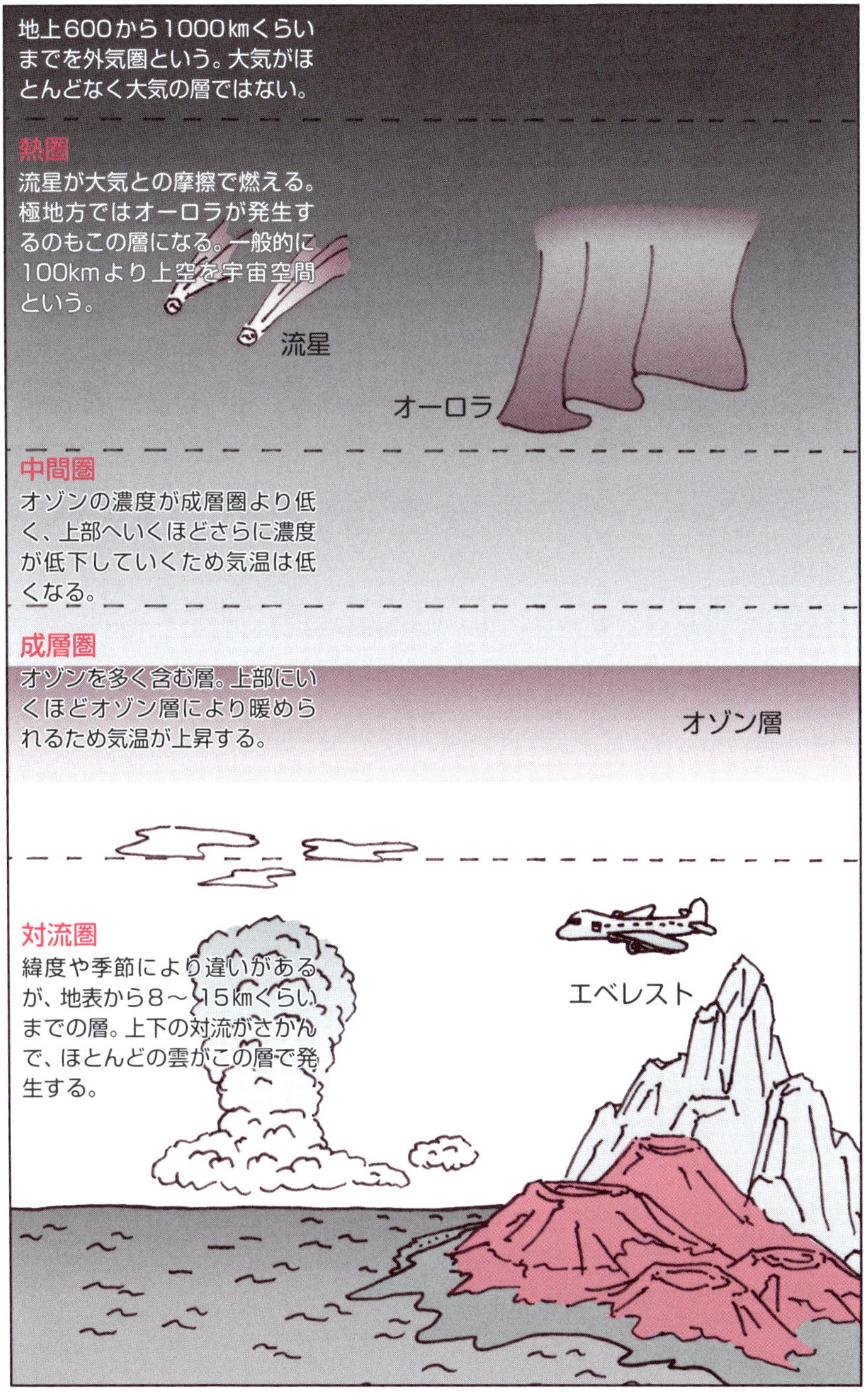
地上600から1000㎞くらいまでを外気圏という。大気がほとんどなく大気の層ではない。
熱圏
流星が大気との摩擦で燃える。極地方ではオーロラが発生するのもこの層になる。一般的に100kmより上空を宇宙空間という。
流星
オーロラ
中間圏
オゾンの濃度が成層圏より低く、上部へいくほどさらに濃度が低下していくため気温は低くなる。
成層圏
オゾンを多く含む層。上部にいくほどオゾン層により暖められるため気温が上昇する。
オゾン層
対流圏
緯度や季節により違いがあるが、地表から8～15㎞くらいまでの層。上下の対流がさかんで、ほとんどの雲がこの層で発生する。
エベレスト

05 地球をめぐる「風」のしくみ——大気の大循環

大気の循環があるから気温差が少なくなる

地球は緯度により太陽から受ける熱量（受熱量）が異なる。たとえば、赤道付近では受熱量が多いので暑くなり、南極や北極（極地方）では受熱量が少ないため寒くなる。

そのため赤道付近で暖められた大気は極地方へ向かい、反対に極地方の冷たい大気は赤道方向へ循環するようになる。

その結果、赤道付近と極地方の気温差は40℃程度におさえられている。もしこうした大気の循環がなければ、赤道付近と極地方の気温差は100℃ほどにもなると推測されている。

3つの大循環

赤道付近から極地方へ向かう大気の循環は地球が自転しているため大きく3つの循環にわかれる。

赤道付近で熱せられた大気は亜熱帯との間で循環している。これを「ハドレー循環」という。この循環により亜熱帯から赤道に向かう東よりの「貿易風」が発生する。

中緯度付近での循環を「フェレル循環」という。この中緯度付近の上空には西から東に向かう「偏西風」が吹いている。偏西風は上空ほど強くなり、対流圏と成層圏の境目付近を吹く強い偏西風を「ジェット気流」と呼ぶ。

高緯度付近での循環を「極循環」といい、極地方から東よりに吹く「極偏東風」になる。

大気の大循環

赤道低圧帯

太陽熱で空気が熱せられて上昇気流が生じるため低気圧帯となる。

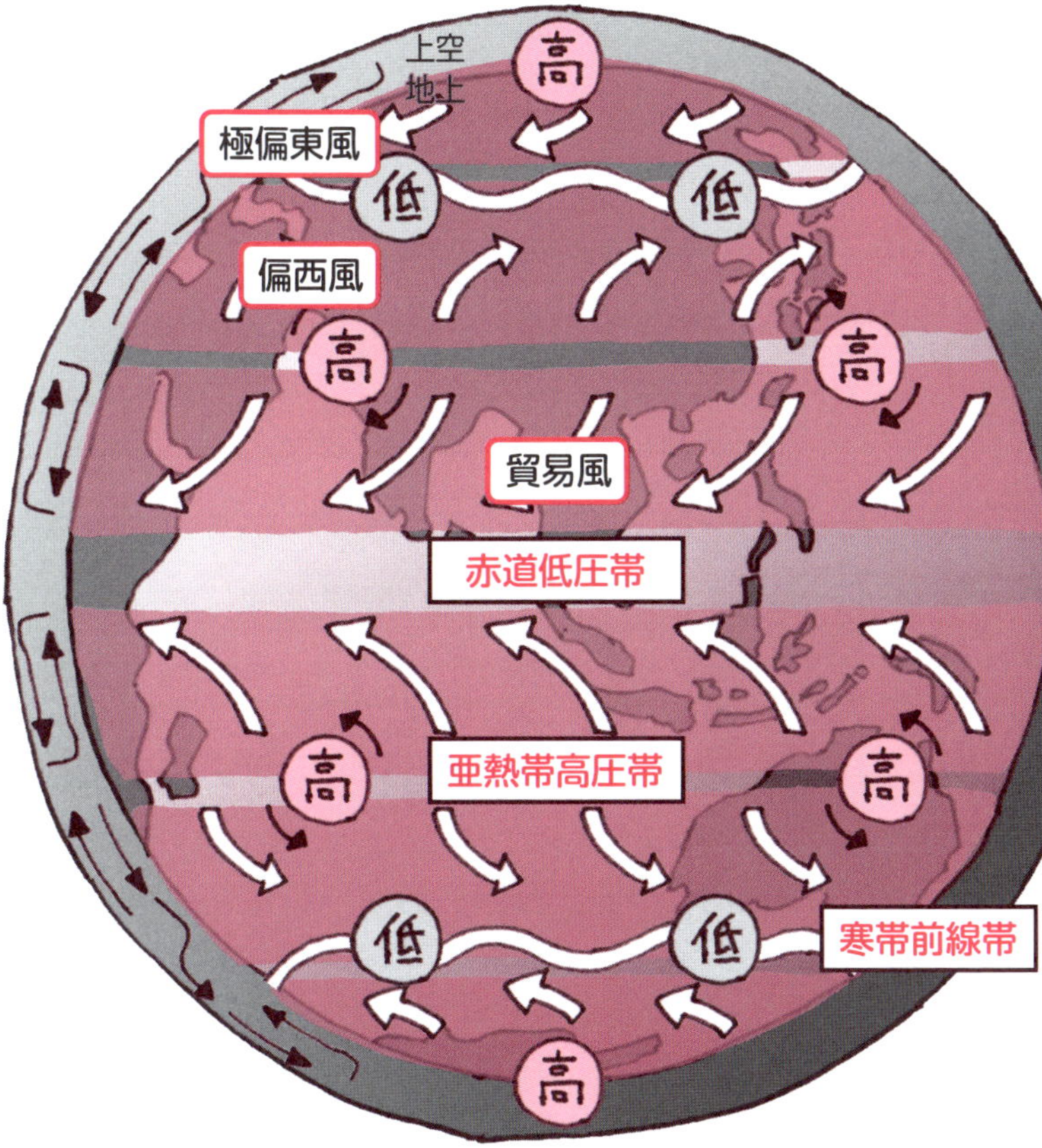

亜熱帯高圧帯

赤道低圧帯で上空に行った空気が地上に下降するため、高圧帯となる。

寒冷前線帯

中緯度の暖かい空気と高緯度の冷たい空気がぶつかり合うため前線をつくる。

06 気温が安定するしくみ①
——適温の裏には二酸化炭素の恩恵があった

二酸化炭素がなければ氷点下になる

地球の平均気温が15℃に保たれているのは、二酸化炭素や水蒸気、メタンなどの温室効果ガスが適度な濃度で地球をおおっているからだ。

太陽光によって暖められた地表が赤外線を放射することで大気も暖められる。地表から放射された赤外線の一部は宇宙へ放出されるが、その途中にある温室効果ガスが赤外線を吸収し、再び地上へ放射するようになるため、気温が上昇する。ようするに現在の地球は、太陽からの放射エネルギーと宇宙へ放出されるエネルギーのバランスが保たれており、気温が一定に保たれている。

もし温室効果ガスが大気中になかったら地球の平均気温はマイナス18℃になっていたと推測されている。中でも地球温暖化の原因とされる二酸化炭素が、地球の気温や環境変化に大きな影響を与えてきた。大気の二酸化炭素が増加すると地球は温暖化し、反対に減少すると地球は寒冷化する。

地球史からみた地球温暖化問題

現在、地球温暖化が問題になっている。産業活動で石炭や石油を燃やしたことで排出された大量の二酸化炭素が原因だという。これは数百年というほんの短い期間内での気温上昇という点では問題となることだが、地球史からみれば、現在の二酸化炭素濃度は恐竜のいた白亜紀の頃に比べるとずっと低い（↓68ページ）。その意味では現在は氷河期に向かう途中の一時的な温暖化にすぎない。

地表の熱収支

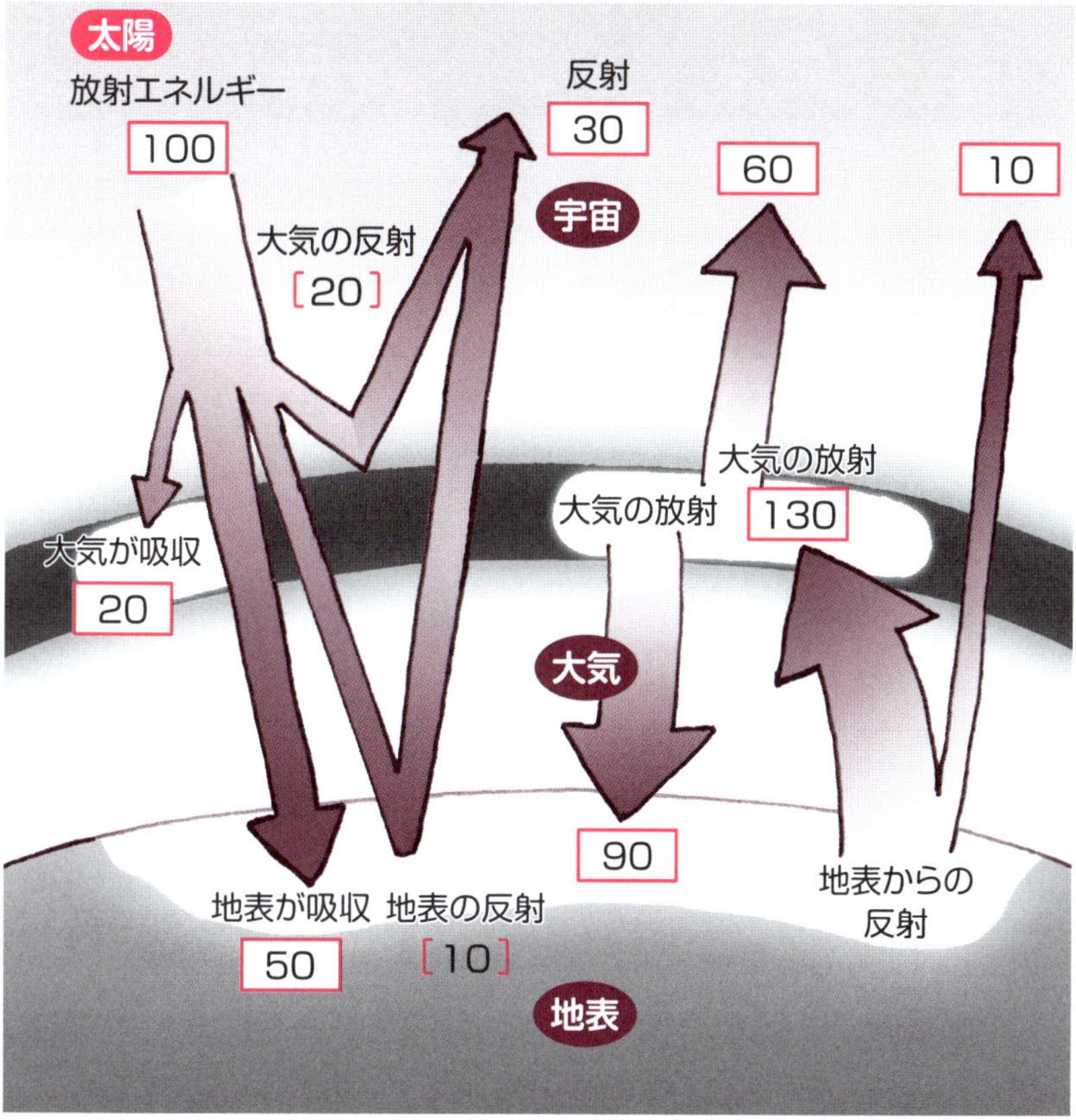

太陽から地球に届く熱エネルギーを100とした場合、地球から出ていく量も同じ100になっている。その結果、地球の平均気温は安定している。

太陽から放出された熱エネルギー(100)は、地上へ届くまでの間に、大気の吸収(20)や大気による反射(20)により60まで減少。このうち10は地表で反射するため、地表に吸収される熱ネエルギーは50になる。さらに温室効果ガスからの放射(90)がプラスされ地表に吸収される熱エネルギーの合計は140になる。

温室効果ガスからのエネルギー量が大きいのは、地表と温室効果ガスの間で熱エネルギーをキャッチボールするように循環させているためだ。

一方、地表に吸収された熱エネルギー(140)はその後、放射され、そのうちの130は再び温室効果ガスにいったん吸収。残りの10は宇宙へ放射される。また、温室効果ガスに吸収された130と前述の太陽からの20が合わさり、温室効果ガスのエネルギー量は150となるが、そのうち60が宇宙へ放出されるため90が残る。

以上のように宇宙へ放出されるエネルギー量の合計も、大気の反射(20)と地表の反射(10)、地表からの放射(10)、温室効果ガスからの放射(60)で100となる。

07 気温が安定するしくみ②
——地上から地球内部まで循環する「炭素」

炭素は大気・生物・海洋・地球内部を循環する

二酸化炭素の元となる炭素は、地球全体でみるとその大部分は地球内部のマントルと核に含まれていた。地表に限れば、その8割は海洋にある。二酸化炭素は水に溶けやすいからだ。残りの2割が生物と大気中にある。

それら地球の炭素は簡単にいうと大気や生物、海洋、地球内部を循環している。

海洋にある炭素は堆積物となりプレートによって地球内部へ運ばれていく。地球内部の炭素は海嶺や火山から二酸化炭素として再び大気中へ放出される。大気中の二酸化炭素は海水に吸収されるとともに、生物に取り込まれていく。

ウォーカー・フィードバック

地球上ではこれまで温暖化と寒冷化が繰り返されてきた。その大きな原因のひとつが、大気中の二酸化炭素濃度の変化である。とはいえ、二酸化炭素濃度は極端に増減しないようになっている。

たとえば大気中の二酸化炭素濃度が上昇すると温室効果が増すため気温も上昇する。すると海洋中に溶けたり堆積物となる二酸化炭素量が増えるため大気中の濃度が減少し温室効果も低下する。その結果、気温も下がる。気温が下がると海洋中への二酸化炭素量が減少するため大気中の二酸化炭素濃度が上昇するというわけだ。これを「ウォーカー・フィードバック」という。

地球を循環する炭素

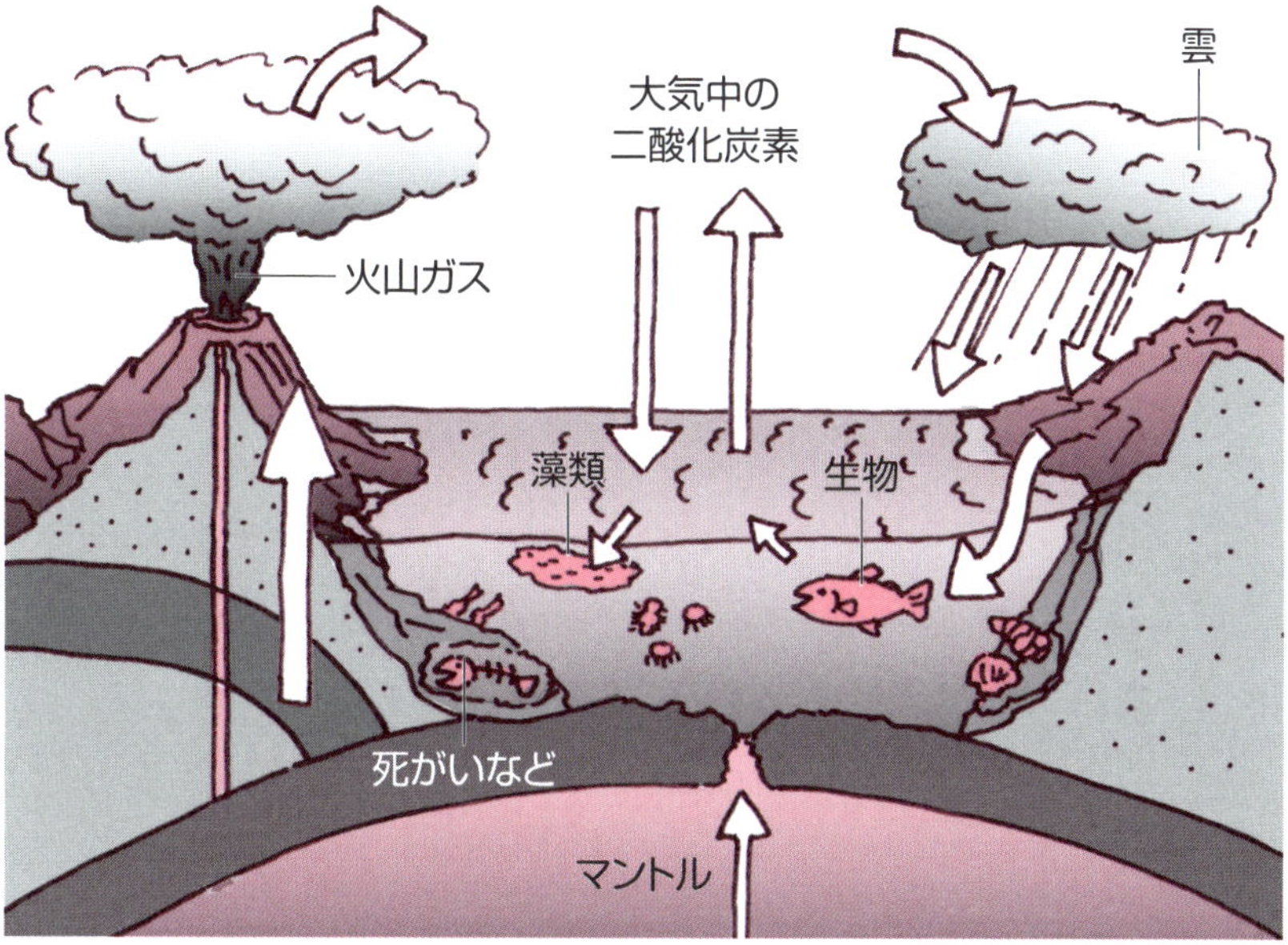

気候が安定するしくみ

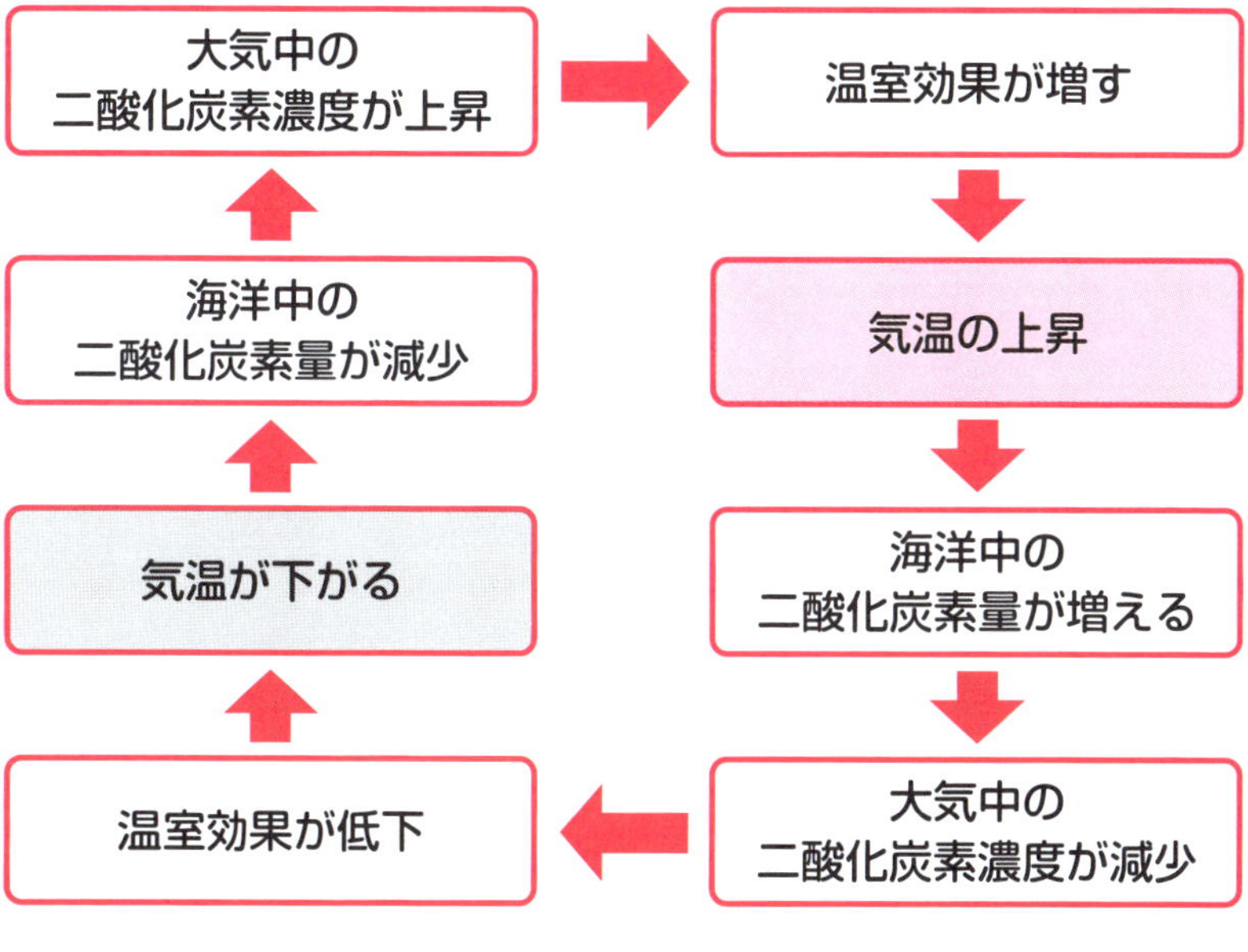

08 二酸化炭素とオゾン層によって左右される大気の未来

二酸化炭素濃度が増え続けるとどうなるのか

恐竜が栄えていた白亜紀は、現在の4倍も二酸化炭素濃度が高く、平均気温が今より高く、23℃もあった。当時、北極や南極の氷も溶けて、海水面が現在に比べ最大200mも上昇していたと推測されている。このようになったのは火山活動の活発化が原因で、大気中の二酸化炭素濃度上昇による温室効果のためだ（ちなみに火山活動の大量の粉塵により寒冷化する場合もある）。

そして、この時代の二酸化炭素の増加量は現在とほとんど変わらないという。これが8000年から1万年継続すると白亜紀と同じ平均気温になると試算されている。

オゾン層の恩恵と未来

成層圏にあるオゾン濃度の高い部分（地上から20～25km付近）をオゾン層という。酸素分子O_2が紫外線で化学反応したものがオゾンO_3である。オゾン層は生物に有害な紫外線を吸収してくれる。もし、オゾン層がなければ、地上に生物が進出できなかったと考えられている。

しかし、オゾン層の一部分だけオゾン量が少なくなる現象「オゾンホール」が1980年に観測された。オゾンホールが発生する原因は、フロンなどの化学物質に含まれている塩素や臭素がオゾンを破壊するためだ。オゾン層が壊れてしまうと、今後、40～50年の間で、皮膚がんは増え続けていくと考えられている。

二酸化炭素と気温の変化

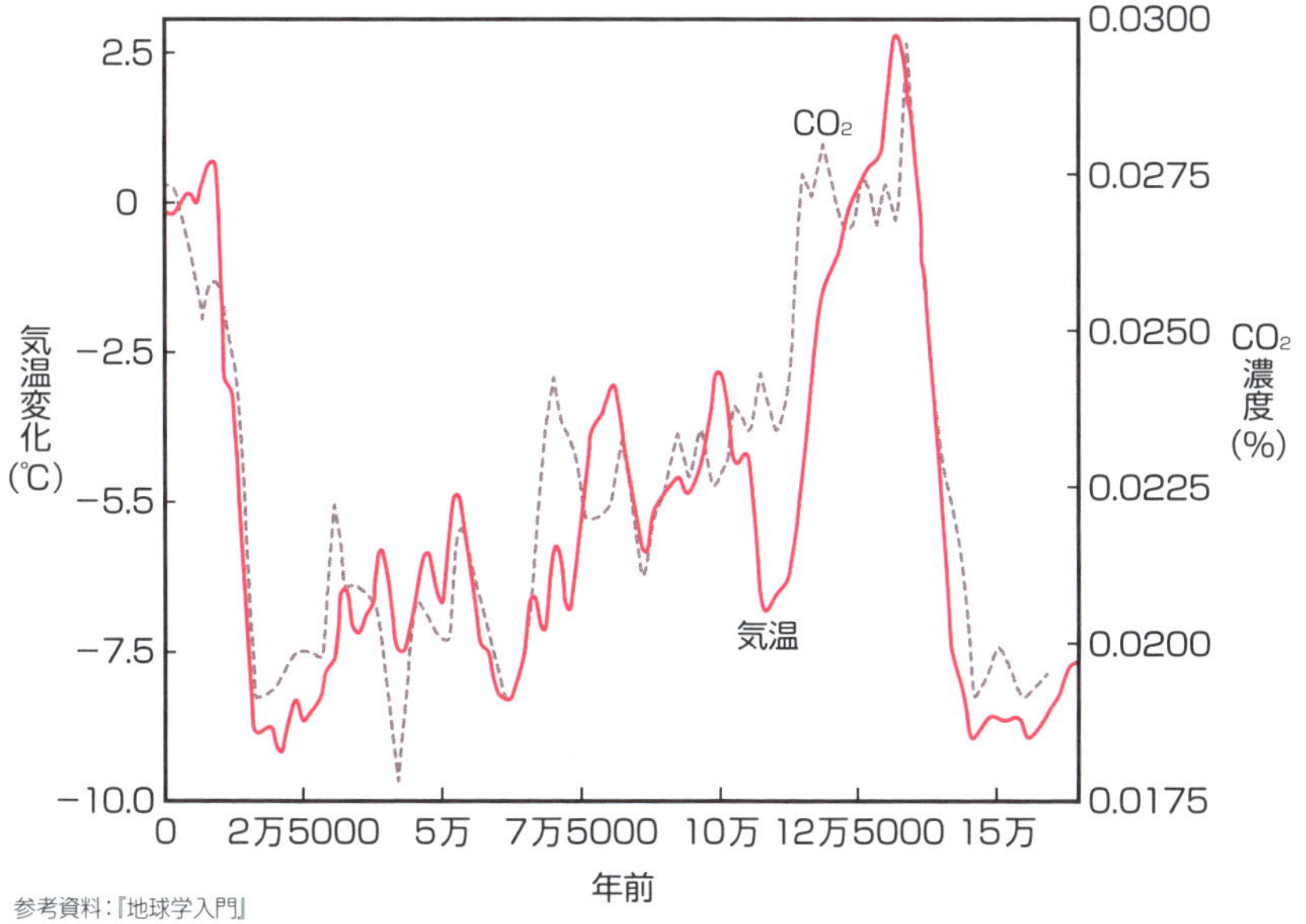

参考資料:『地球学入門』

オゾンホール

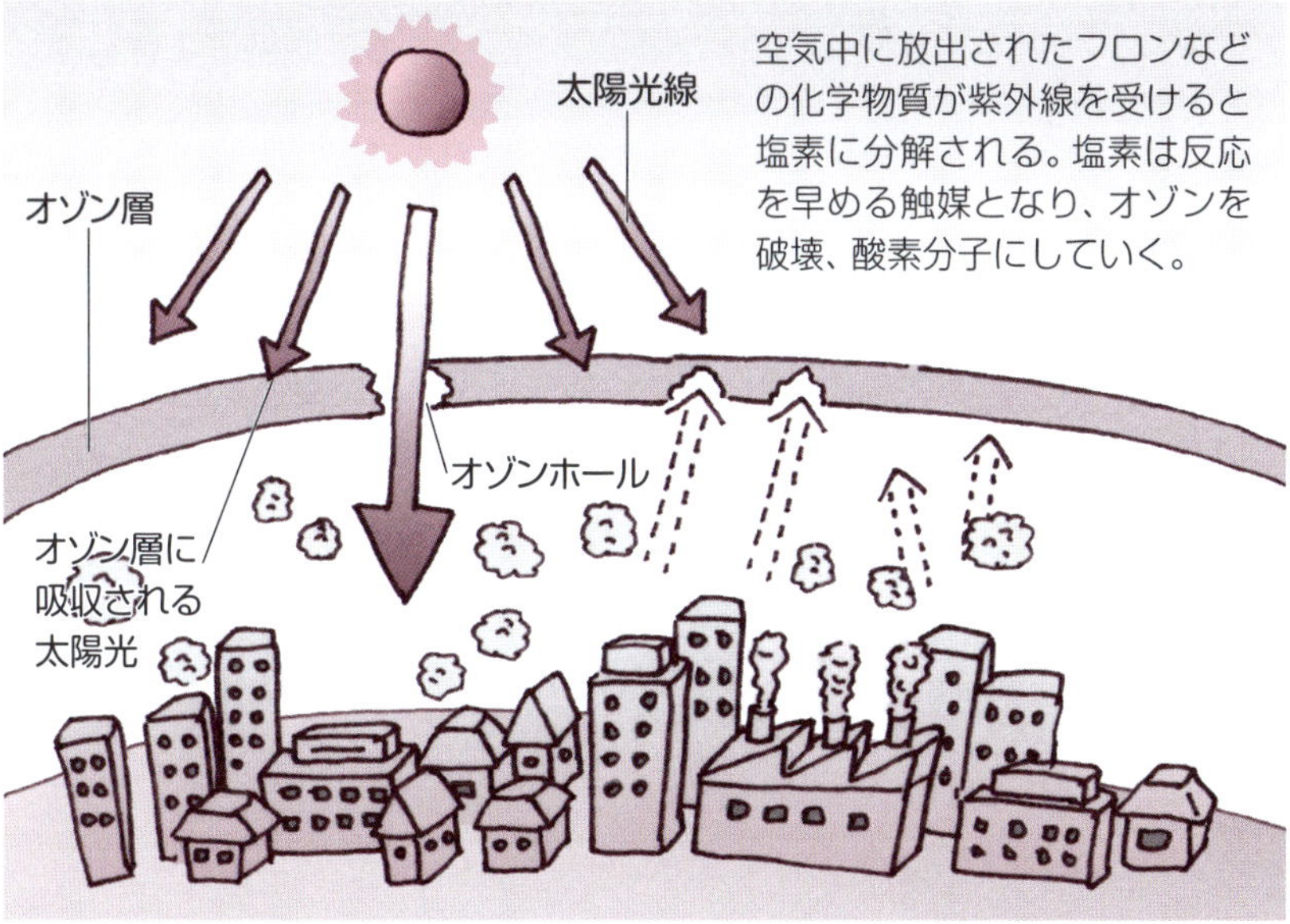

空気中に放出されたフロンなどの化学物質が紫外線を受けると塩素に分解される。塩素は反応を早める触媒となり、オゾンを破壊、酸素分子にしていく。

4章

「水の惑星」の設計図

地球は、表面の7割が海におおわれている「水の惑星」だ。

海は、表層を流れる表層流とより深くを流れる深層流が地球中を駆けめぐっている。また、地表では水は河川から海に流れ、海から上空へ運ばれ、雨となって地上を流れるという循環がある。さらに、海水は地球内部へ運ばれる循環もしている。

生命にとってなくてはならない水だが、実は海水は地球内部へ運ばれ、少しずつ減少しているという。さらに海洋の水も含めて地球全体が凍結したこともあった。

そもそも、水はどこからきたのか。海はどのようにして誕生したのか。

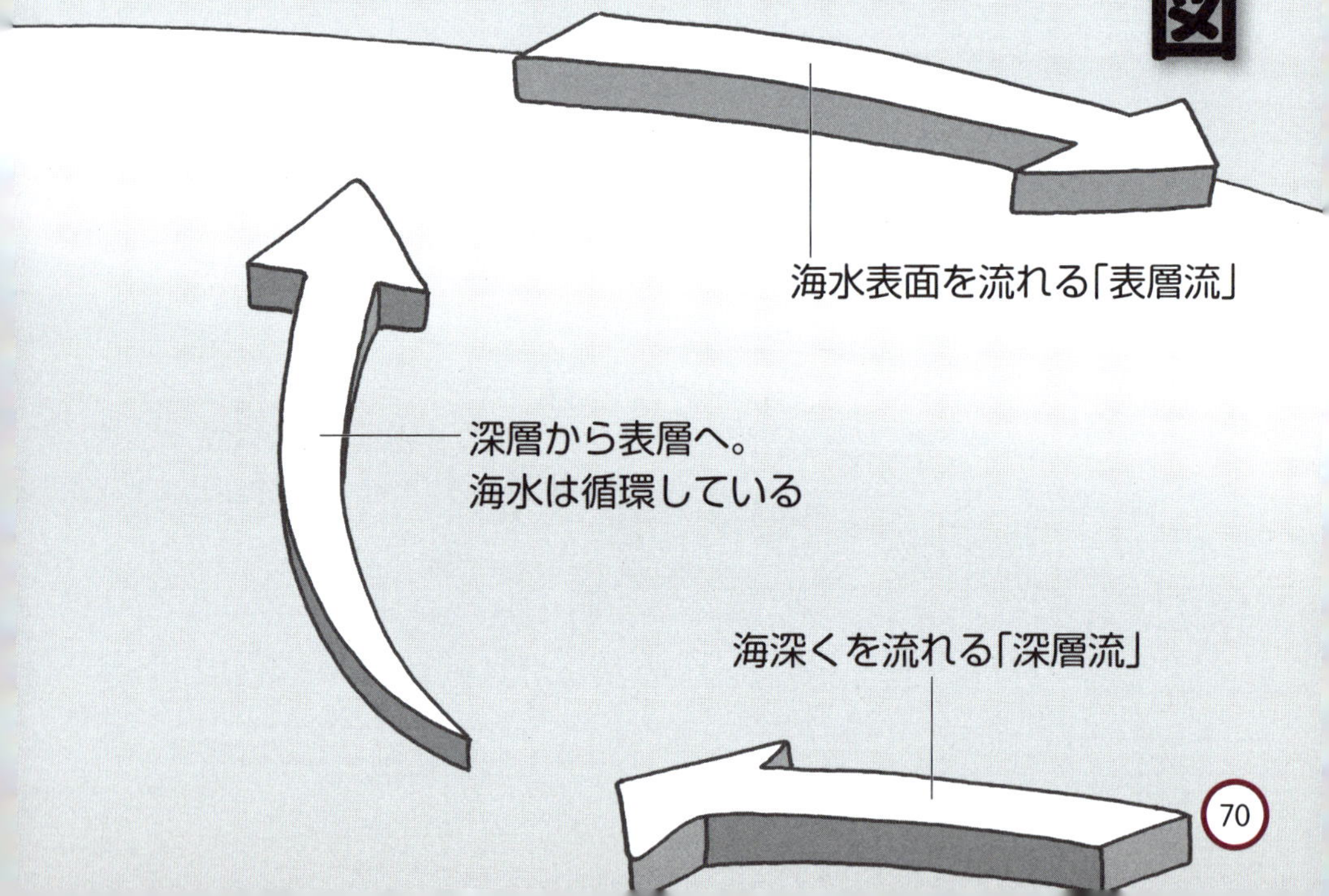

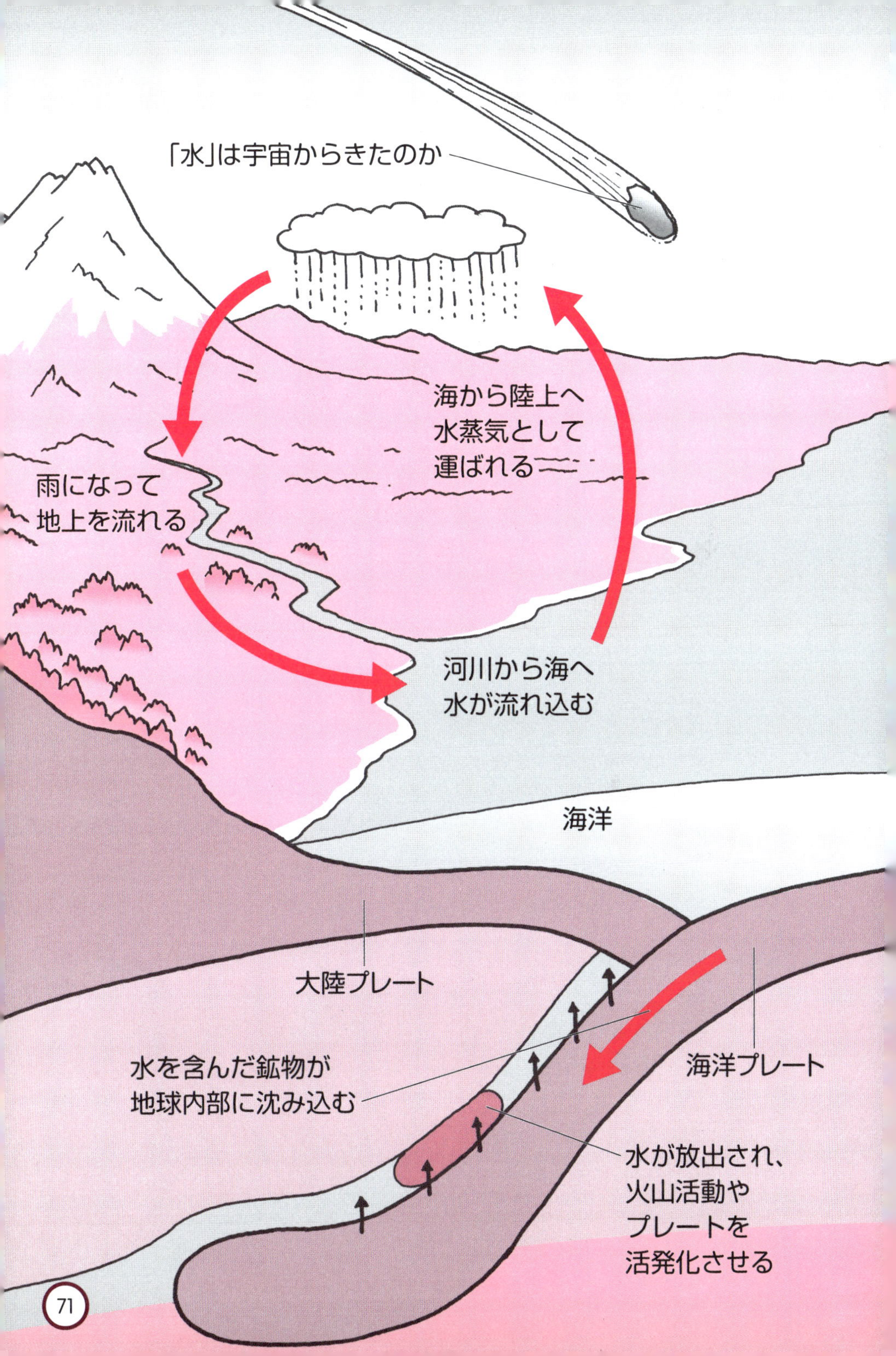

「水」は宇宙からきたのか
海から陸上へ
水蒸気として
運ばれる
雨になって
地上を流れる
河川から海へ
水が流れ込む
海洋
大陸プレート
水を含んだ鉱物が
地球内部に沈み込む
海洋プレート
水が放出され、
火山活動や
プレートを
活発化させる

01 地球の水はどこからきたか

地球ができるときには水の素が含まれていた

46億年前、太陽の周りにあったガスや微粒子がぶつかり合いながら微惑星へと成長（↓14ページ）。微惑星が月サイズ程度になると、水の素になるガスを捕獲し始める。さらに微惑星同士が衝突、合体することで太陽系の惑星のひとつの地球が誕生した。生まれたばかりの地球に引き続き微惑星の衝突が繰り返され、その際に水蒸気や二酸化炭素が放出（脱ガス）された（↓54ページ）。そのときに水の素が地球に現れた。

または、現在の海の質量は地球全体の0・023％にすぎないため、地球がほぼ出来上がってから水を含んだ隕石や彗星が降り、地球に水をもたらしたとも考えられている。これを「レイトベニア仮説」という。

大量の雨水が集まって海になった

40億年ほど前になると微惑星の衝突も減り、少しずつ地球は冷えていった。冷えることで大気中に含まれていた水蒸気が雲となり大量の雨が数百年間も降り続く。

当時の地球の気圧は現在よりもはるかに高かったため、数百度もある高温の雨だった。こうして降り続いた雨によって海が誕生する。この40億年前の海水量は、既に現在とほとんど同じだけあったと推測されている。

できたばかりの海水は強い酸性だった。その後、陸地から流れ込む水に含まれていたナトリウムなどの鉱物成分が海水を中和し、現在のような塩辛いものになっていった。

水を含んだ微惑星が地球と合体

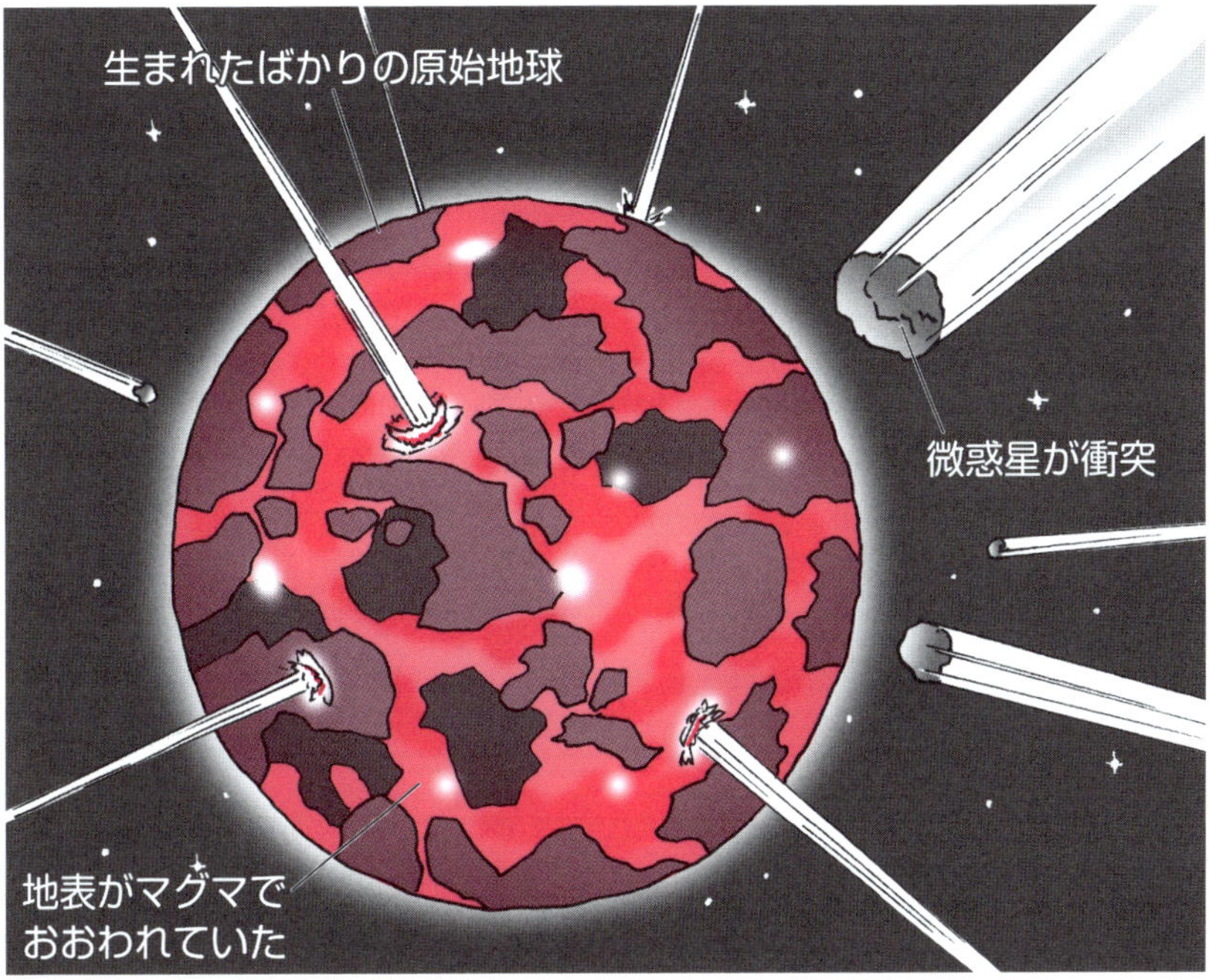

地球が水で満たされるまで

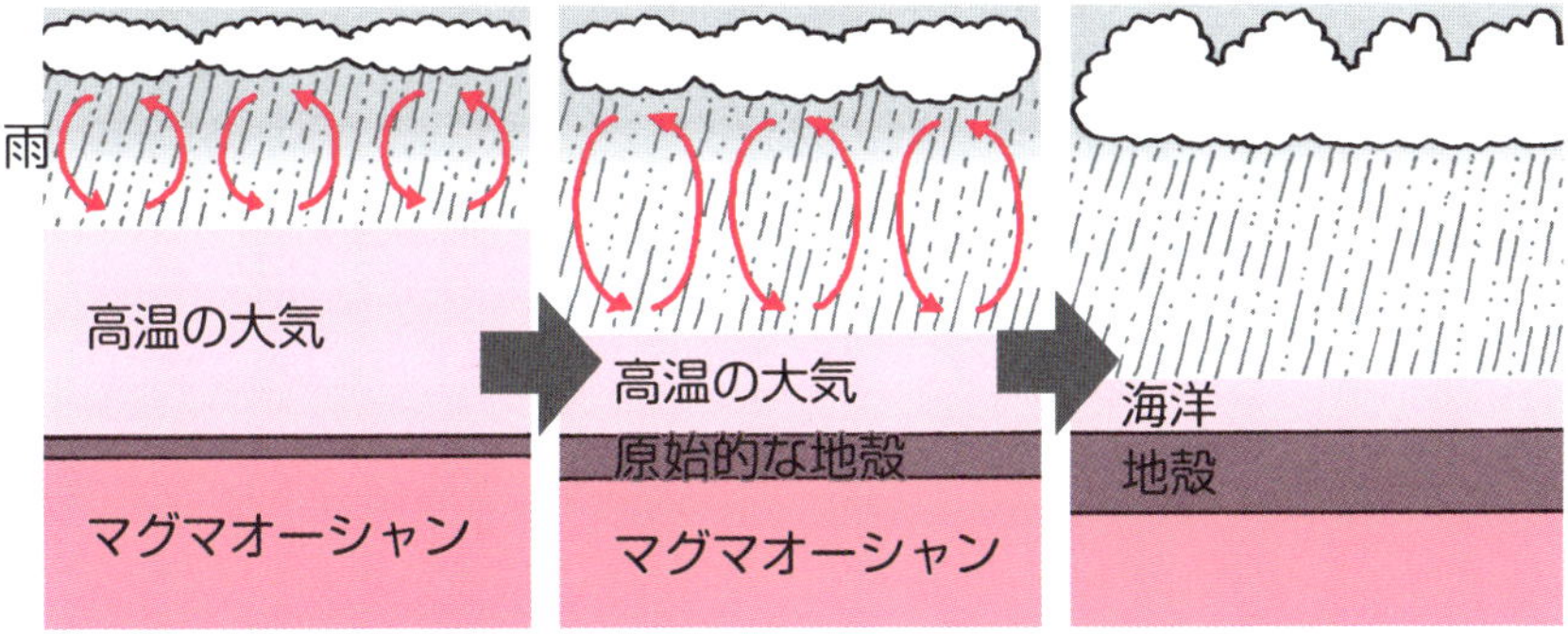

原始地球に微惑星が衝突し、その熱エネルギーで地球の表面は岩石が溶けたマグマの海（マグマオーシャン）でおおわれた。その時、微惑星から蒸発した水蒸気や二酸化炭素により原始大気がつくられた。当時の気温は1000℃以上もあったため、上空の水蒸気が冷えて雲ができ、雨が降っても、その雨は地上に到達する前に再び水蒸気になった。

微惑星の衝突がなくなると地球はしだいに冷えていき地表には地殻ができていく。

地表が冷えるにつれて、降った雨が地上まで届くようになった。その後、数百年間も降り続いた雨により海が誕生していった。

02 水の大循環①
――すがたを変えて地上をめぐる水

海のすがた

水は海や河川、土の中の水分などが蒸発し、やがて雨となって陸上や海に降りそそいで循環している。

なかでも海には大量の水が蓄えられており、海の深さは平均3700m、遠洋では4000mから6000mあり、最も深いマリアナ海溝は1万920mもある。そして、海洋全体を体積に換算すると約13億4900万㎦の海水で満たされている。

塩分濃度が急速に変化しないわけ

海水の塩分濃度は平均約3.5%になっている。

海に流れ込む河川の水に陸地の塩分が溶けているため、河川からどんどん水や塩分が海に流れ込めば、海水の塩分濃度も変化するはずだ。とはいえ、平均的な濃度はそれほど大きく変化していない。塩分濃度が急激に低くならないのは、海へ入ってくる水の量と海から蒸発して出ていく水の量がほぼ同じだからだ。

反対に塩分濃度が高くならないのは、海に流れ込んだ塩分のもとになる物質が生物や岩石に取り込まれ、海底に堆積し、最終的にはプレートとして地球内部に沈み込んでいくからだ。沈み込んだ物質は長い時間をかけて再びマグマとなって地上へ戻ってくる。

そして、プレートが沈み込む時には、一緒に海水も地中に運ばれている。その結果、塩分を含んだ海水量は少しずつ減少している。ただし、塩分濃度には影響しない。

地表をめぐる水の循環

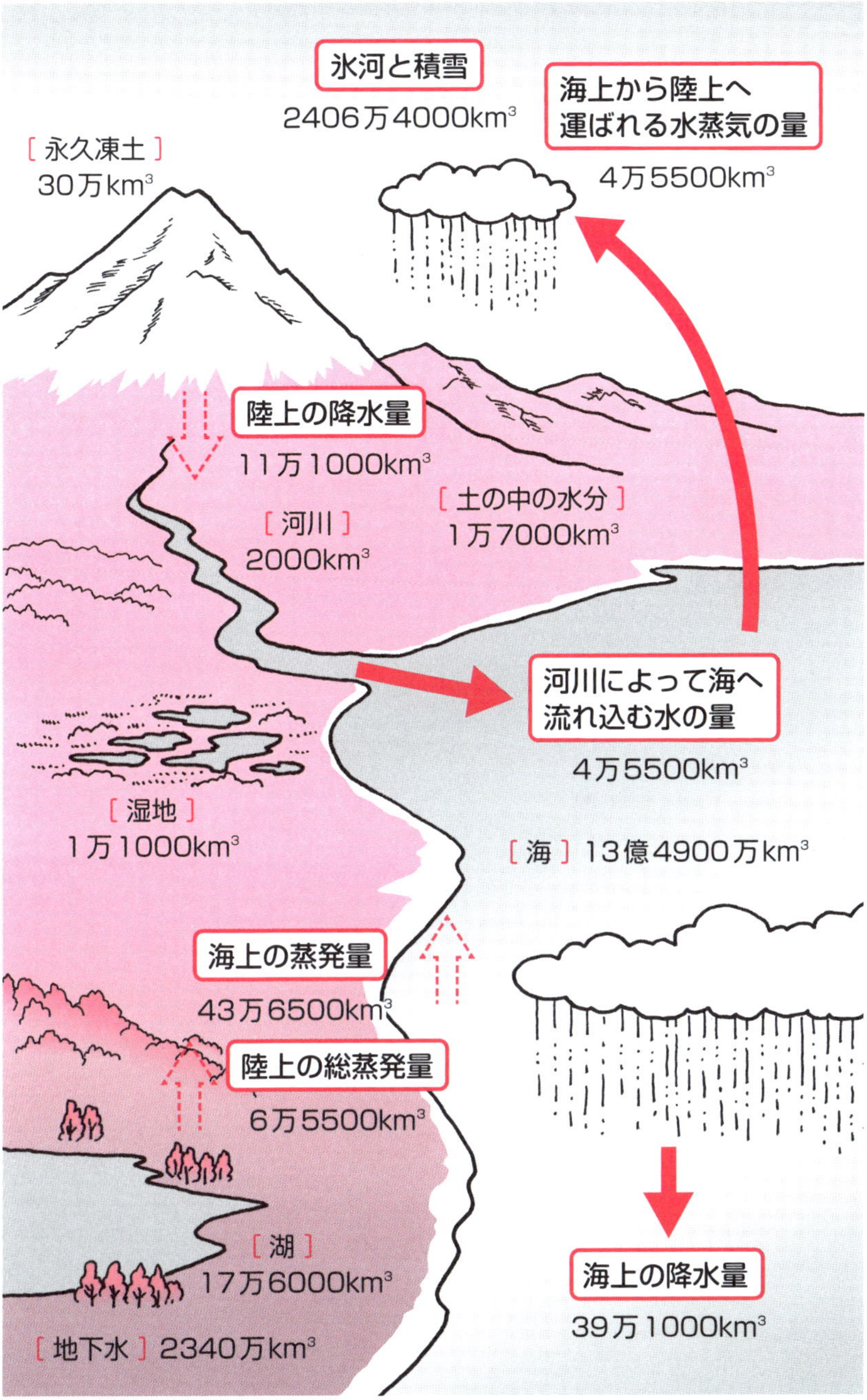
氷河と積雪
2406万4000km³
海上から陸上へ
運ばれる水蒸気の量
4万5500km³
[永久凍土]
30万km³
陸上の降水量
11万1000km³
[土の中の水分]
1万7000km³
[河川]
2000km³
河川によって海へ
流れ込む水の量
4万5500km³
[湿地]
1万1000km³
[海] 13億4900万km³
海上の蒸発量
43万6500km³
陸上の総蒸発量
6万5500km³
[湖]
17万6000km³
[地下水] 2340万km³
海上の降水量
39万1000km³

03 水の大循環②

——千年以上をかけて流れる海

海流を生む水の性質

水は暖かいところから冷たいところへ流れる性質と、塩分濃度が高くなるとより重くなる性質がある。また、海水は風に大きく影響される。さらに、地球が自転することで北半球では右向きの力が働き、南半球では左向きの力が働く（コリオリの力）。

地表の7割を占める海洋は、これらの性質と力が働き地球を循環している。

地球規模で一定方向に流れる海水の流れを「海流」といい、海流には、その地域、期間に吹く風（卓越風）で海流が起こる表層の循環（風成循環）と、温度や塩分の密度の差で海流が起こる深層の循環（熱塩循環）がある。

海流が地上の気候を変えるしくみ

表層の海流（表層流）は、深さ数百mまでの流れで、時速数十㎞と速い。一方、より深いところを流れる深層の海流（深層流）は速さがずっと遅く、速いところで秒速数㎝ほどで、1500年から2000年をかけて地球上を循環している。

表層流では赤道あたりから高緯度に流れる「暖流」、高緯度から赤道に流れる「寒流」が起こる。暖流は沿岸を湿度の高い気候にし、寒流は沿岸を涼しく乾燥した気候にしている。

また、赤道付近では暖められた海水が上昇し、極地では冷やされた海水が下降し、対流するようになる。

表層をめぐる海流

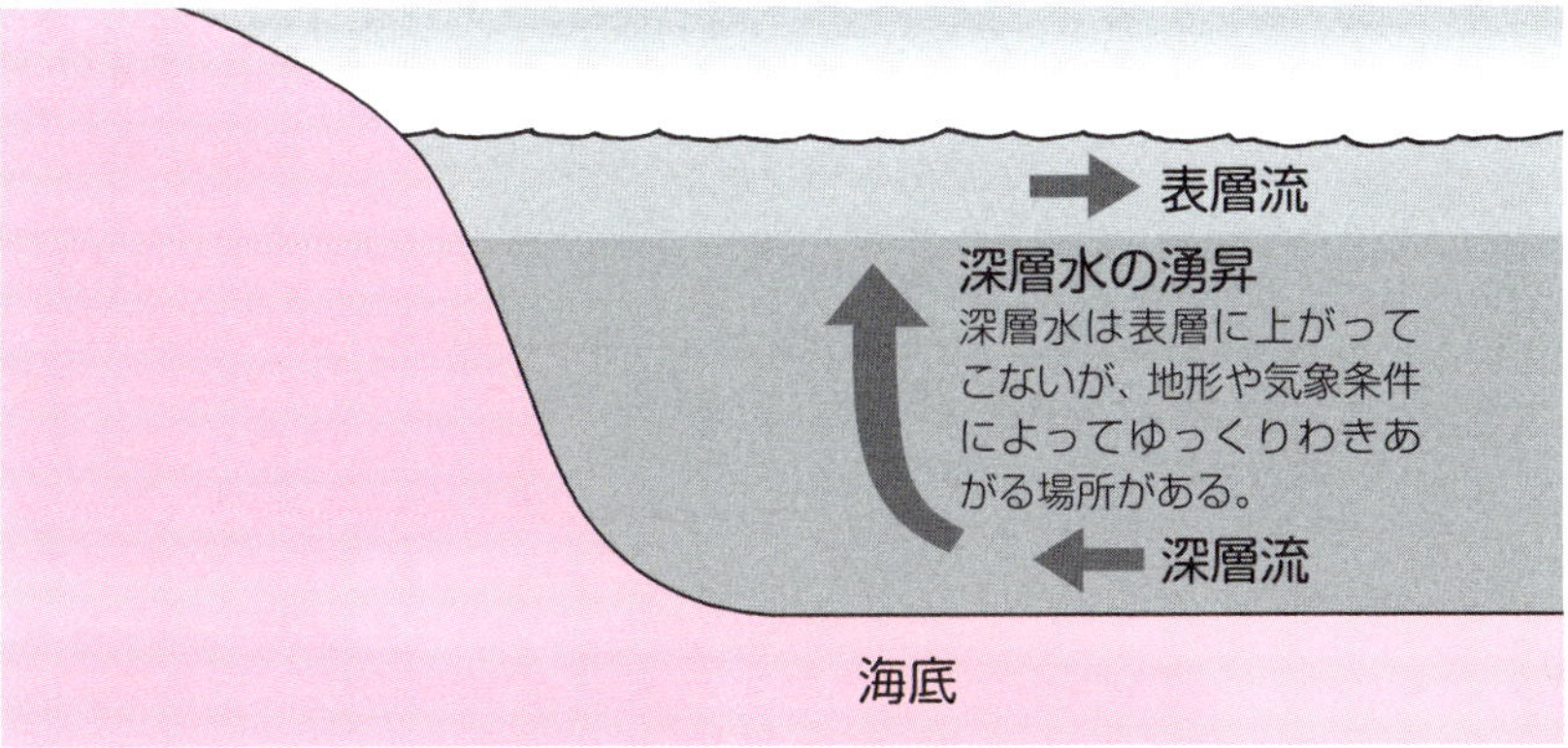

表層と深層をめぐる海流

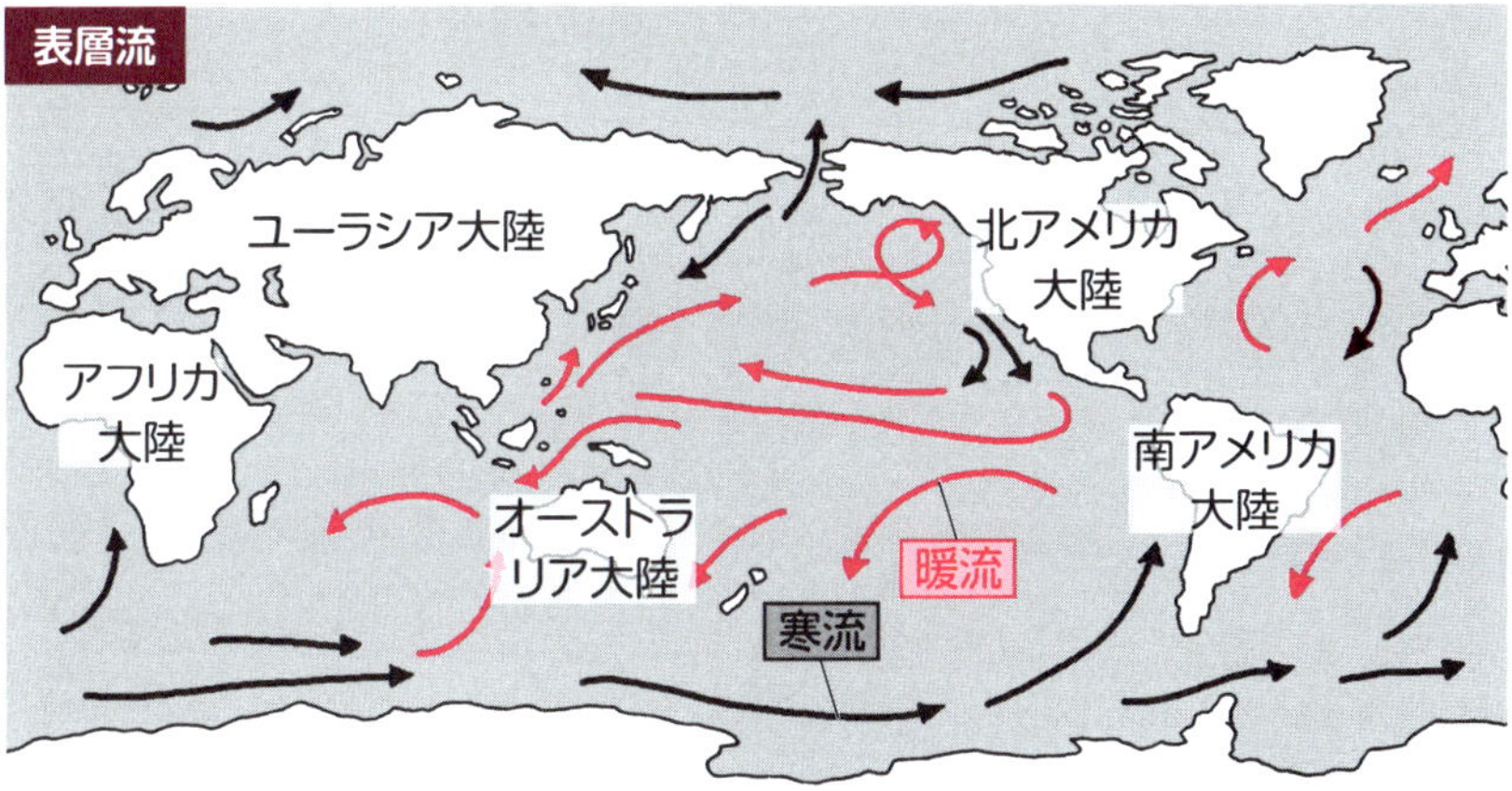

表層と深層の循環

ウォーレス・ブロッカーによる海洋の大循環・ベルトコンベア

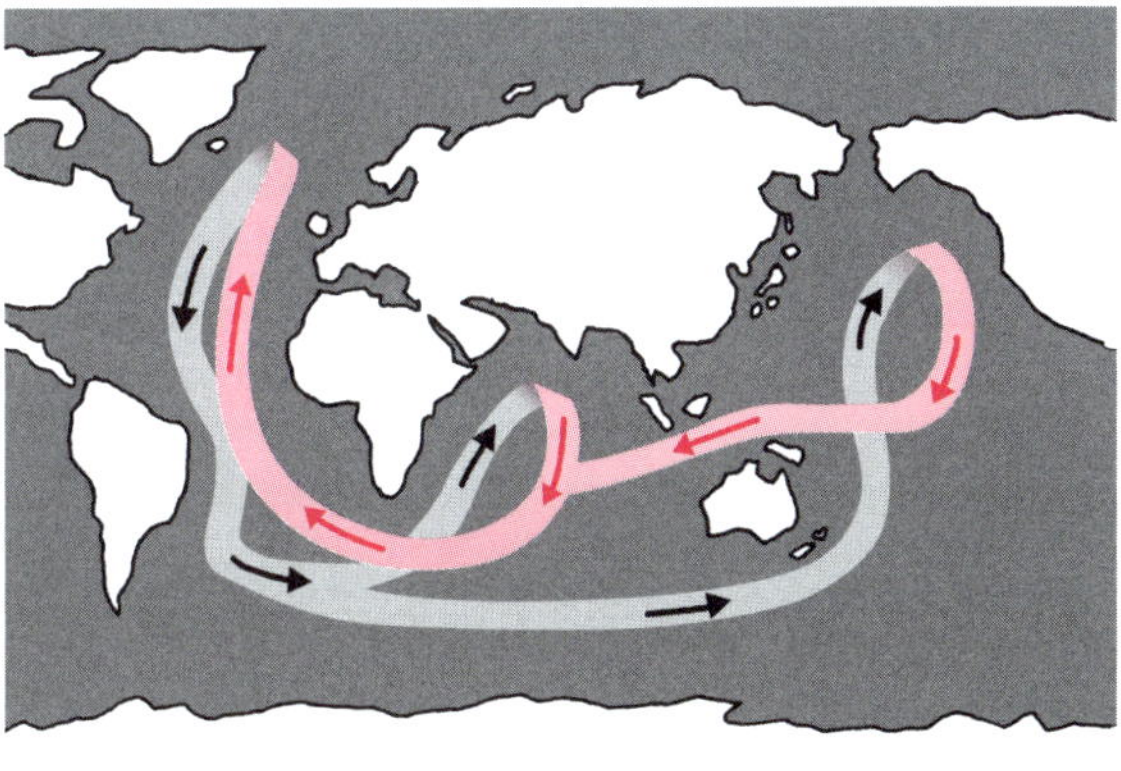

04 水の大循環③
――地球内部まで進む

水は地球内部も循環している

海嶺では地中からマグマが上昇し、海水で冷却されて新しい海洋プレートができる。この時できる海洋プレートの岩石には海水と反応して水を含んだ「含水鉱物《がんすい》」がつくられる。

大量の水を含んだ海洋プレートは海溝などの沈み込み帯で地下深くまでもぐっていく。マントル内部へ入ったプレートは、熱と圧力により分解され水を放出する。放出された水はマントルを溶けやすく柔らかいものに変え、火山活動やプレート運動を活発化させる。火山活動によりマグマに含まれていた水の一部が水蒸気として地上へ戻ってくる。このように水は地上だけでなく、地球内部でも循環している。

現在も地球内部へ含水鉱物が運ばれているので、海水量は少しずつ減少している。

陸地が増えたことで酸素が増える理由

花崗岩《かこうがん》や堆積岩の年代測定から、7億5000万年前頃に陸地が増えていたことがわかっている。プレートが沈み込むと、そのうちの含水鉱物が溶けてより密度の小さい花崗岩ができる。そのため花崗岩は下部マントルまで沈み込めずに大陸塊を形成したと考えられる。また、7億5000万年前頃に大量の海水が運ばれたことで陸地も増加していった。陸地が増えると、有機物（炭素）との関係で大気中に酸素が増加することになった。

地球内部をめぐる水の循環

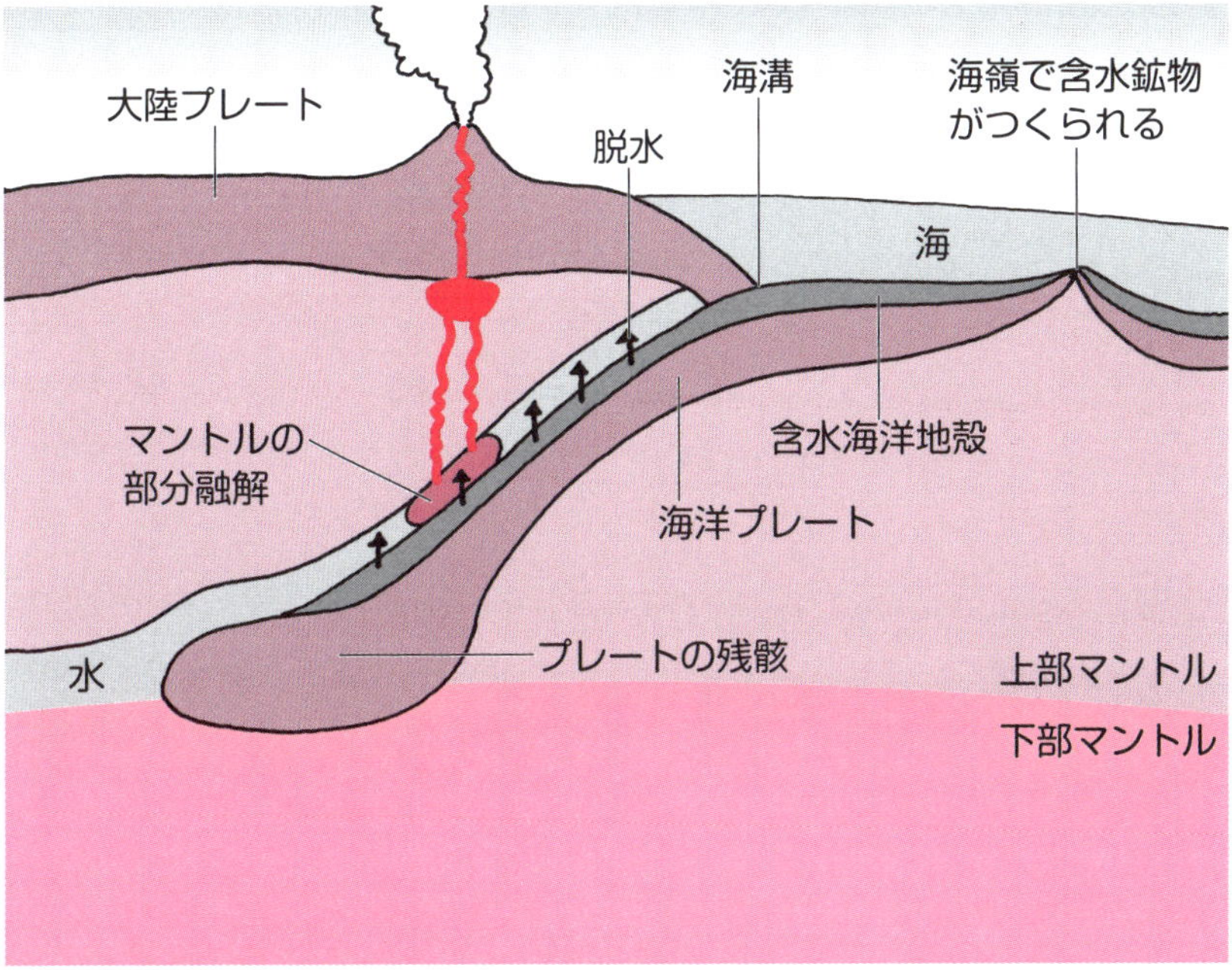

海水面低下によって酸素が増えるメカニズム

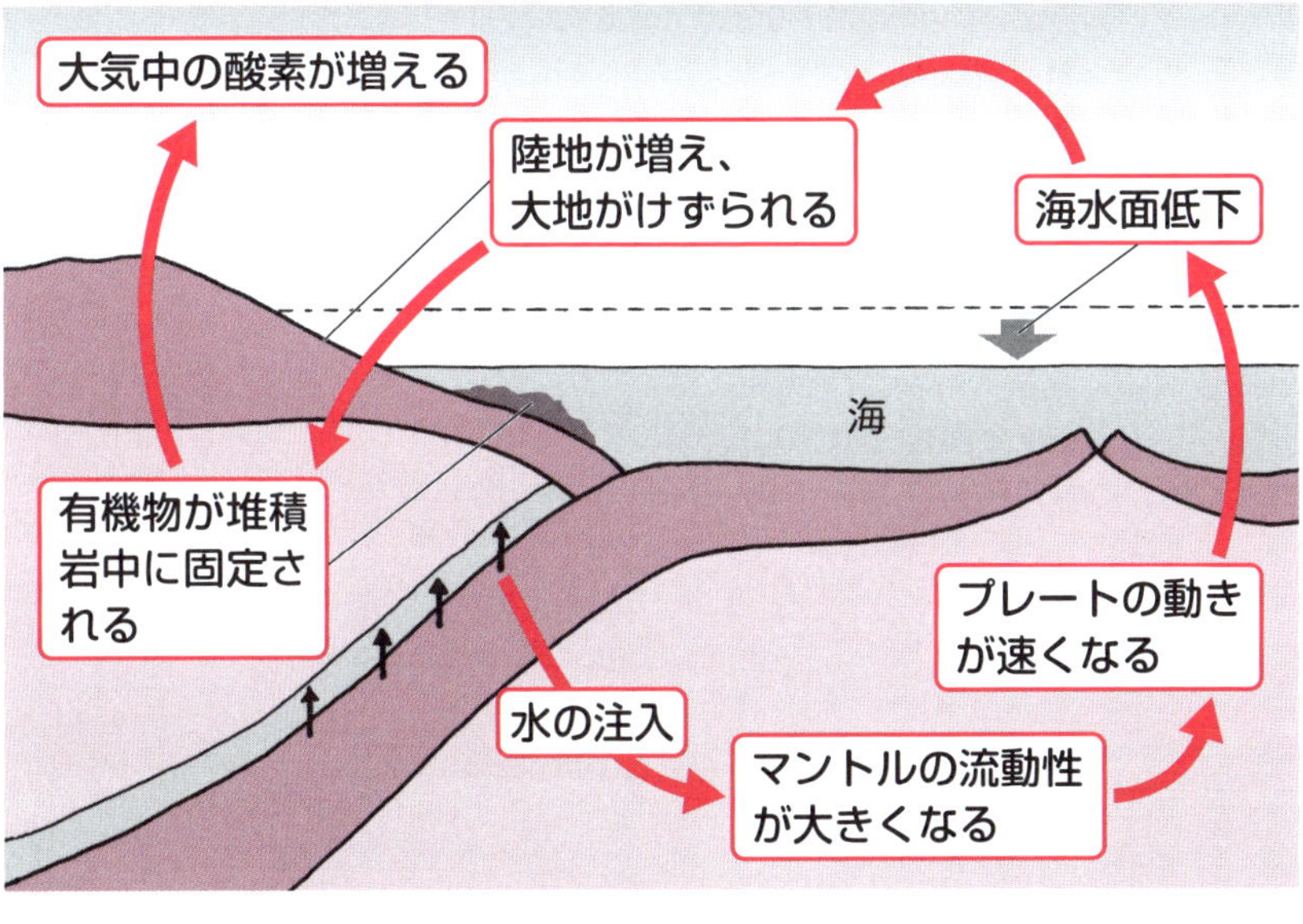

05 氷河時代は周期的に訪れる

現在も氷河時代に含まれる

地球上には水があるため気温が低下すれば陸地や海が凍結し陸地に降り積もった雪は氷河や氷床《ひょうしょう》をつくる。地球の表面に氷床が広く発達した時代を「氷河時代」、氷河が全くない時期を「無氷河時代」という。また、氷河時代の中でも気温が低く氷床が拡大した時期を「氷期」、氷期と氷期の間で気温が少し高くなり氷床が縮小した時期を「間氷期」という。

現在の地球は、南極などの一部に氷河があるので氷河時代の間氷期にあたる。

これまで地球は何度も氷河時代の時期があった。そして、氷期と間氷期はある特定の周期で繰り返されていることがわかっている。

地軸と公転が周期的に変化する

地球上の気温が低下する原因には大気中の二酸化炭素濃度の低下（↓64ページ）、太陽活動の変化（↓26ページ）、地球の自転と公転の変動などが関係している。

この中で最後に述べた地球の自転と公転の変動による気温の変化を発見者の名をとって「ミランコビッチ・サイクル」という。

具体的には2万3000年周期で地軸がぐらつき、4万1000年で地軸の傾き角が変動し、10万年のサイクルで地球の公転が変動するという3つをさす。これによって日射量が低下すると寒冷化にむかう。

ミランコビッチ・サイクル

● 10万年周期で変化する公転軌道

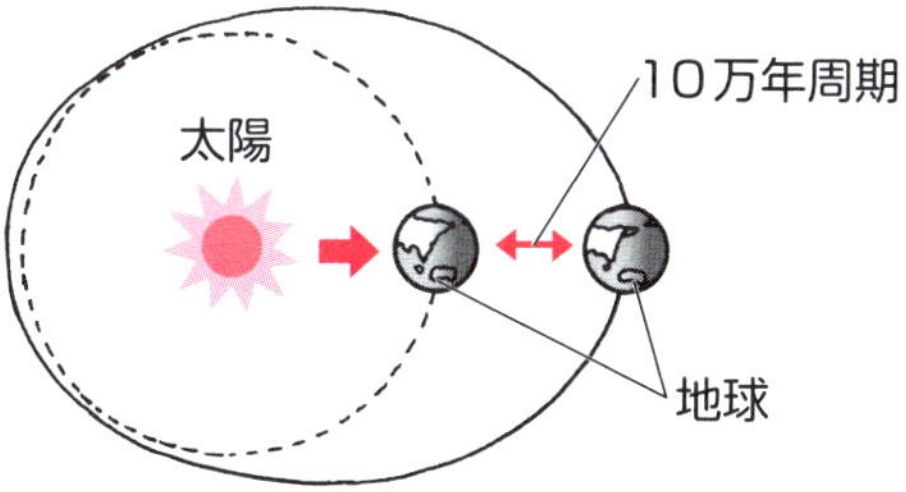

10万年ごとに地球の公転軌道が変化する。地球は太陽の周りを楕円軌道で公転しているが、この楕円の度合い（離心率）が変化し、太陽に近づく軌道になったり、反対に太陽から遠ざかる軌道になったりする。

● 4万1000年周期で変化する地軸の傾き

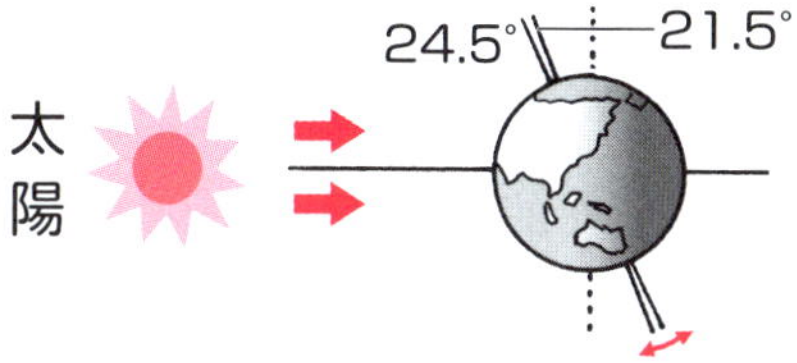

4万1000年ごとに地球の地軸の傾き具合が21.5°〜 24.5°の間で変化する。地軸の傾き具合が大きいほど太陽から受けるエネルギー量の差も場所により大きくなる。

● 2万3000年周期で変化する地軸のぐらつき

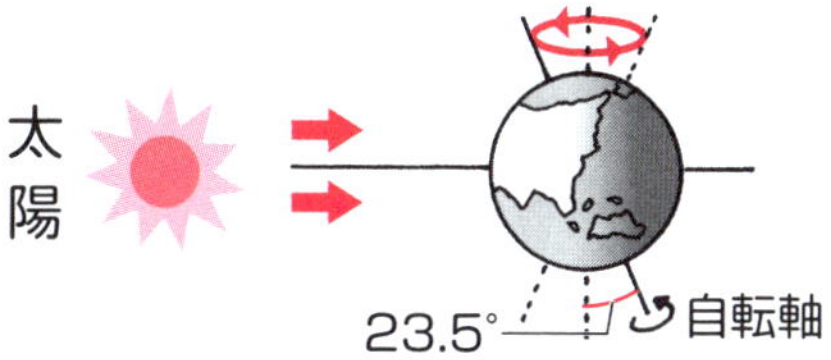

2万3000年ごとに地球の地軸が23.5°の範囲でぐらつく。回転の勢いが弱くなってきたコマの軸が円を描くような状態と同じである。

● 公転軌道の変化と温度変化

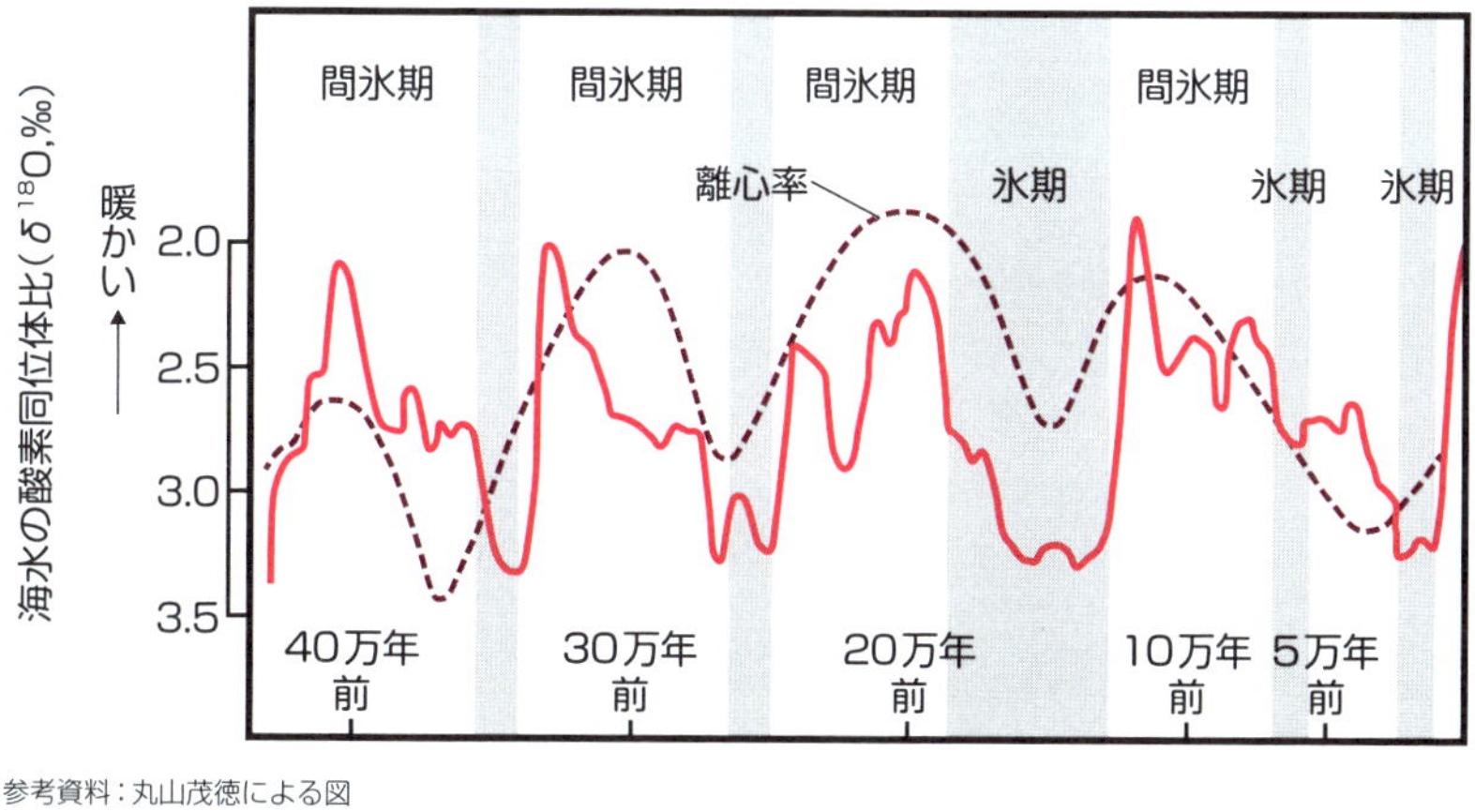

参考資料：丸山茂徳による図

06 地球全体が凍結していた「スノーボールアース仮説」

氷点下30℃の世界

これまでに地球上が極度の低温となった氷河時代の中でも、今から約6億4000万年前、約7億年前、約23億年前には、地球全体が凍結（全球凍結）した時期があった。これは「スノーボールアース（雪玉地球）仮説」と呼ばれている。

このとき地球上の気温は氷点下30℃まで下がった。海面から1㎞以下まで凍結し、赤道付近の海まで凍結していたと推測されている。

これにより当時生存していた生物のほとんどが死滅したが、凍結していない海中や火山の噴火口などの近くといった暖かい場所で生き残った生物もいた。

全球凍結が起きたのは、前述した原因などによる日射量の低下によるものだ。地球上のある一定面積以上が凍結すると地表が熱を吸収できないため、加速度的に気温が低下し、地球全体が凍結してしまったという。

全球凍結が終わる理由

気温が上昇し全球凍結が終了したのは、マントル内への海水の流入によって火山活動が活発化したことによるものだと推測されている（→78ページ）。

噴火によって周辺地域の気温が上昇する。さらに大気中の二酸化炭素濃度が上昇し、温室効果が働いて地球全体の気温が上昇していった。

スノーボールアース仮説のメカニズム

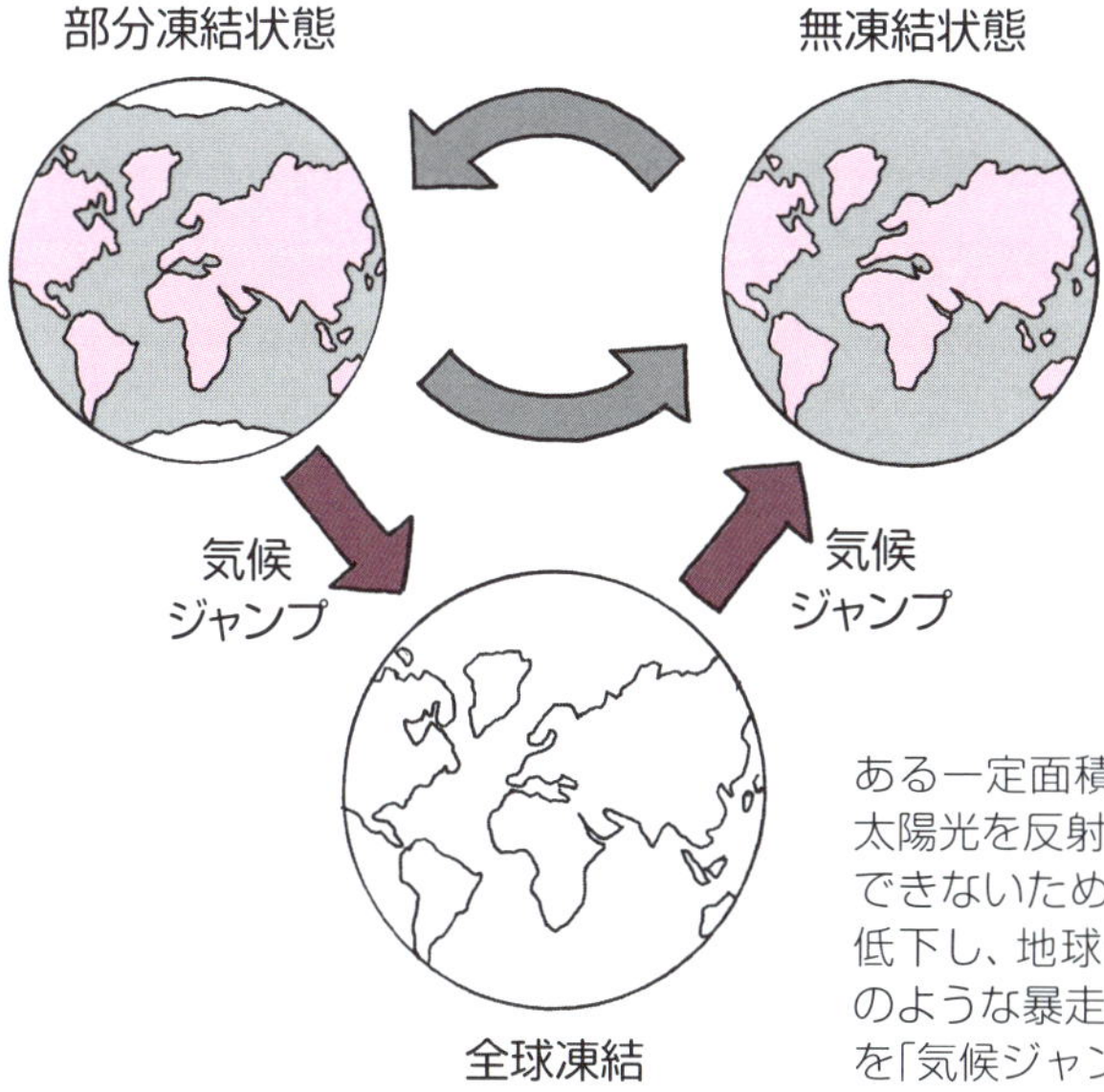

ある一定面積以上が凍結すると、太陽光を反射して地表が熱を吸収できないため、加速度的に気温が低下し、地球全体が凍結する。このような暴走的に寒冷化することを「気候ジャンプ」という。

スノーボールアースの気温変化

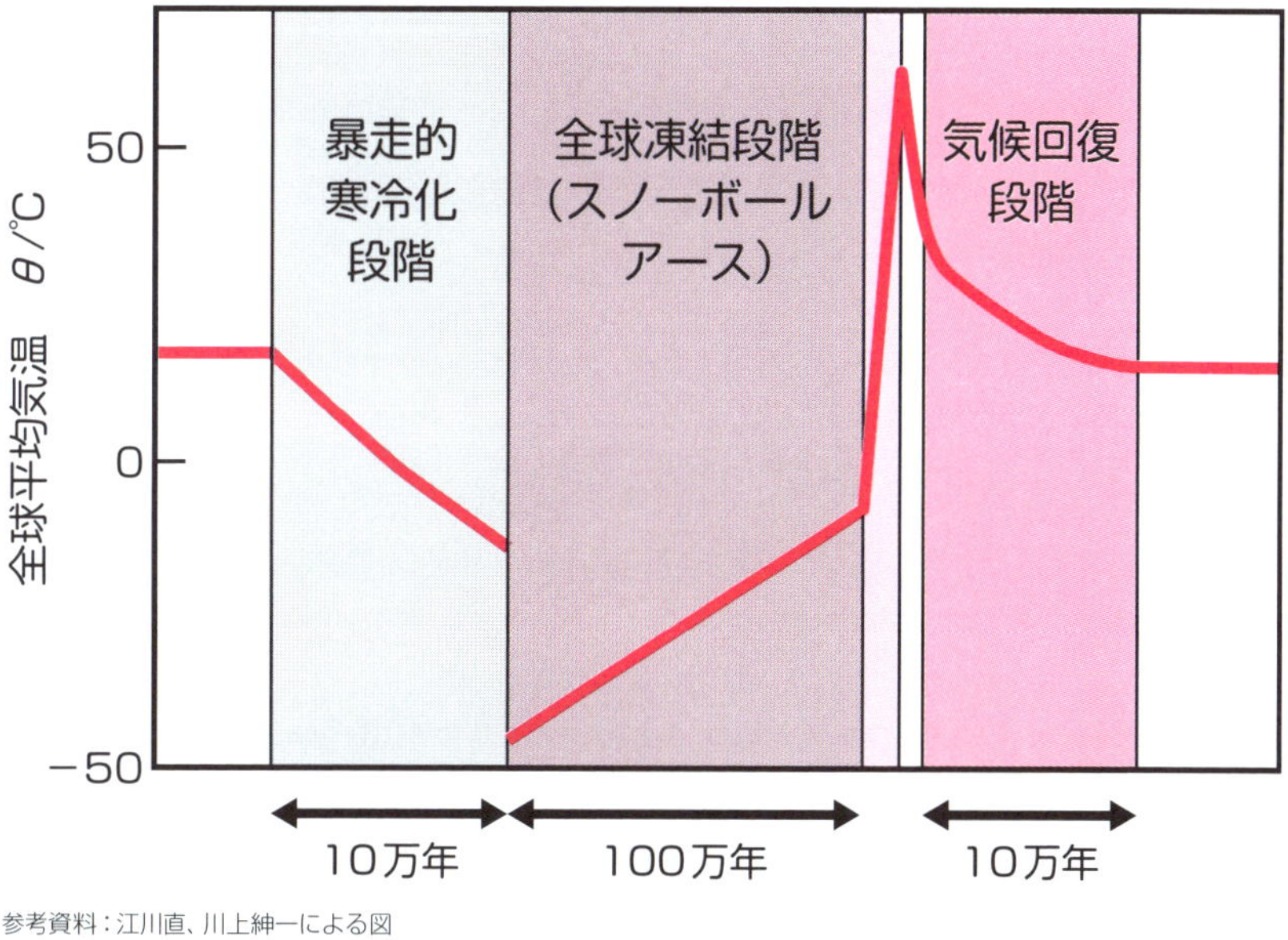

参考資料：江川直、川上紳一による図

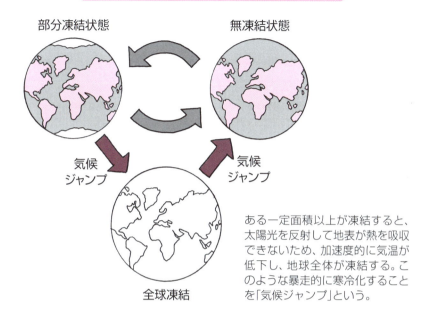

5章

「生命の惑星」の設計図

今から40～38億年前に誕生した生命。はじめは単純な構造の生物だったものが人類へと進化したわけだが、その道のりは簡単なものではなかった。

幾度となく地球を襲った自然環境の激変により生物は大量絶滅、そして生き残ったものが進化を果たして乗り越えてきたからだ。その結果、現在の地球はさまざまな生物で満ちあふれている。そして、地球全土に人類が分布する「生命の惑星」となった。

とはいえ、そもそも生物とは何か。最初の生物はどのようにして地球に誕生したのか。なぜ進化が必要なのか。「死」はあらかじめ生命にプログラムされていたものなのか。

その秘密を追うとともに、人類のその先をたどる。

人類誕生と進化
そして
宇宙へ
恐竜時代
生物の陸上進出
カンブリア爆発

01 生命の条件①
——生命とモノを分ける三原則

自己複製とは

地球上の生命は今から40億年前から38億年前に誕生したと考えられている。どのように生命が誕生したかを述べる前に、そもそも生命とは何かを知っておく必要がある。

生命と生命ではないものとの大きな違いは「自己複製」「代謝」「細胞構造」があるかないかだった。

自己複製とは、その字の通りに自分の複製をつくり出すことである。アメーバなどの原始的な生物は、細胞分裂などによって自己を複製することができる。具体的には遺伝子であるDNAを複製し子孫に伝えていくということだ。ヒトの体内細胞も常に新しいものに複製されている。また、生殖活動によってDNAを子どもに伝えることができる。

代謝と細胞構造とは

代謝とは、ヒトが食事をしないと生きていけないように、生命活動を維持するために必要な物質を外部から取り込み、エネルギーに変えたり、自己の身体を成長させる機能のことだ。

細胞構造とは、自己と外部との境界が存在している構造ということだ。細胞は細胞膜で囲まれているからこそ、細胞の外部と内部がはっきりとわかれ、細胞内で生命活動を行うことができる。

これら3つの条件を担う物質は、「核酸」「タンパク質」「脂質」である。

生命の三原則

自己複製

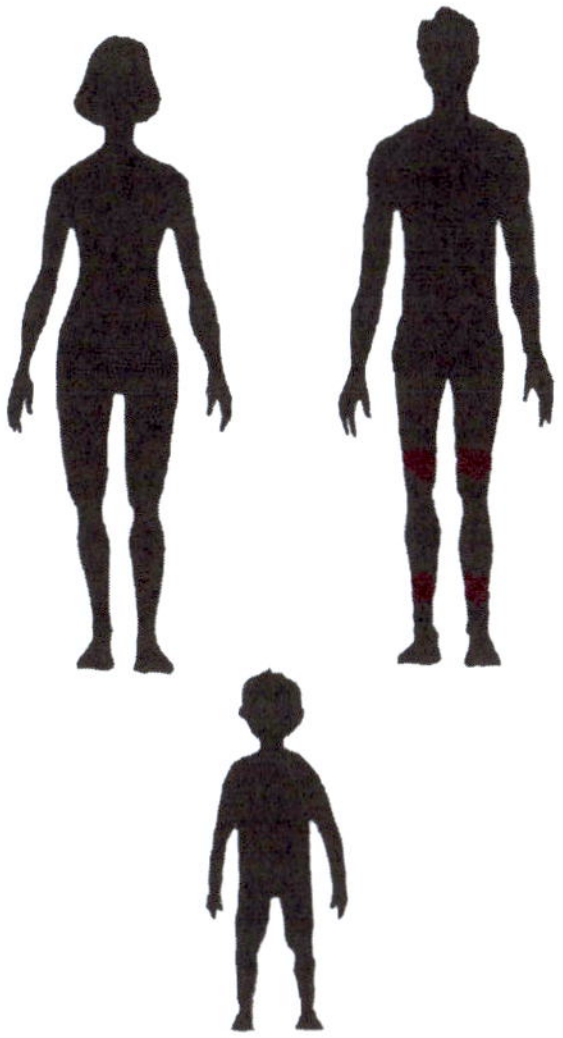

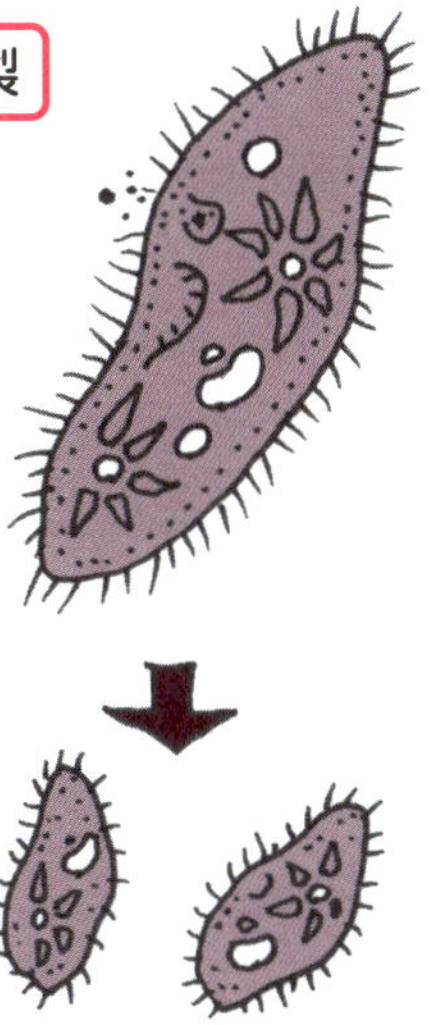

生命とモノを分けるのは自己複製ができるかどうか。モノは壊れるまでそのままであり続けるが、ミドリムシなどの生物は分裂増殖し、自分と同じ物質をつくり、その種を維持していくことが可能。ヒトの体内細胞も常に新しいものに複製されている。また、生殖活動によって自己の遺伝子を子孫に伝えることができるのも広い意味では自己複製といえる。

細胞構造

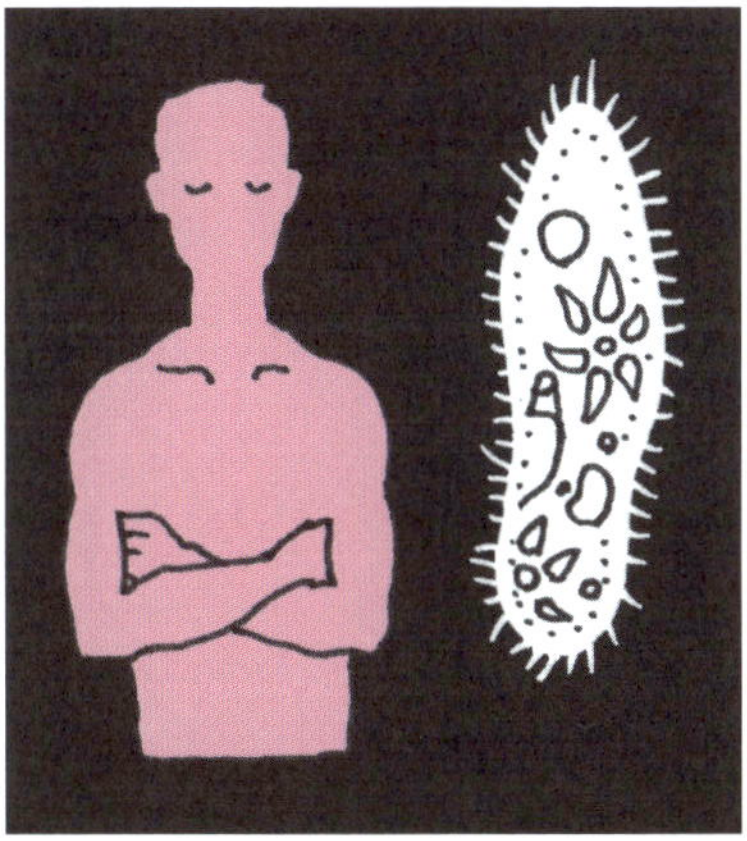

自己と外部の明確な境界ができ、その中で生命活動を行うことができる構造のこと。これにより遺伝情報や栄養が外に出るのを防ぐことができる。

代謝

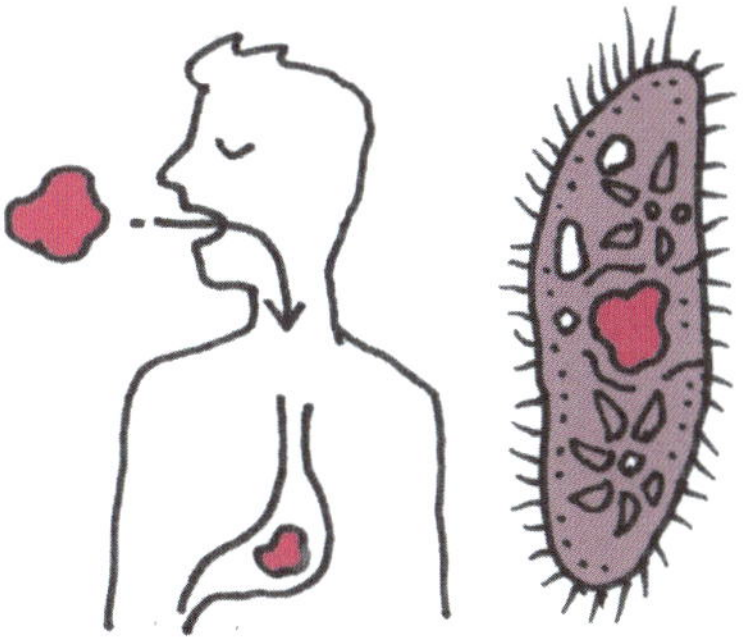

生命活動に必要な物質を外部から取り込み、身体の成長に必要な物質やエネルギーへ変化させ、不要なものは排出する。これらを物質代謝といい、エネルギーの生成や消費をエネルギー代謝という。

02 生命の条件②
——生命たらしめるタンパク質とDNA

生命の条件を担うものとは

生命の条件である「自己複製」は遺伝子が担っている。その遺伝子は核酸という物質によって構成され、核酸にはDNA（デオキシリボ核酸）とRNA（リボ核酸）の2種類がある。DNAはタンパク質をつくり、タンパク質は、栄養や酸素を運ぶ、体を動かす、体の構造を維持するといった生命活動の重要な役割「代謝」を担っている。

DNAがないとタンパク質は生成できない。DNAの遺伝情報をもとにタンパク質が作られるからだ。また、タンパク質がないとDNAはできない。DNAを生成する時にタンパク質が必要だからだ。このように、卵が先かニワトリが先かのように、DNAとタンパク質のどちらが先に生まれたのかという問題があった。

DNAより前にあったものとは

そこで考えられたのがDNAより単純な構造のRNAが最初に生成されたという仮説である。RNAの中に自己複製とタンパク質のような機能を合わせ持ったものがあることがわかったからだ。

このことから、RNAが最初に生まれ、その後にDNAやタンパク質が生成されたという。これを「RNAワールド仮説」という。

つまり、生命のはじまりはRNAが主役だった。RNAが原始的な生命現象を始め、長い進化の末にDNAとタンパク質が誕生した。

遺伝子 DNA と種の存続

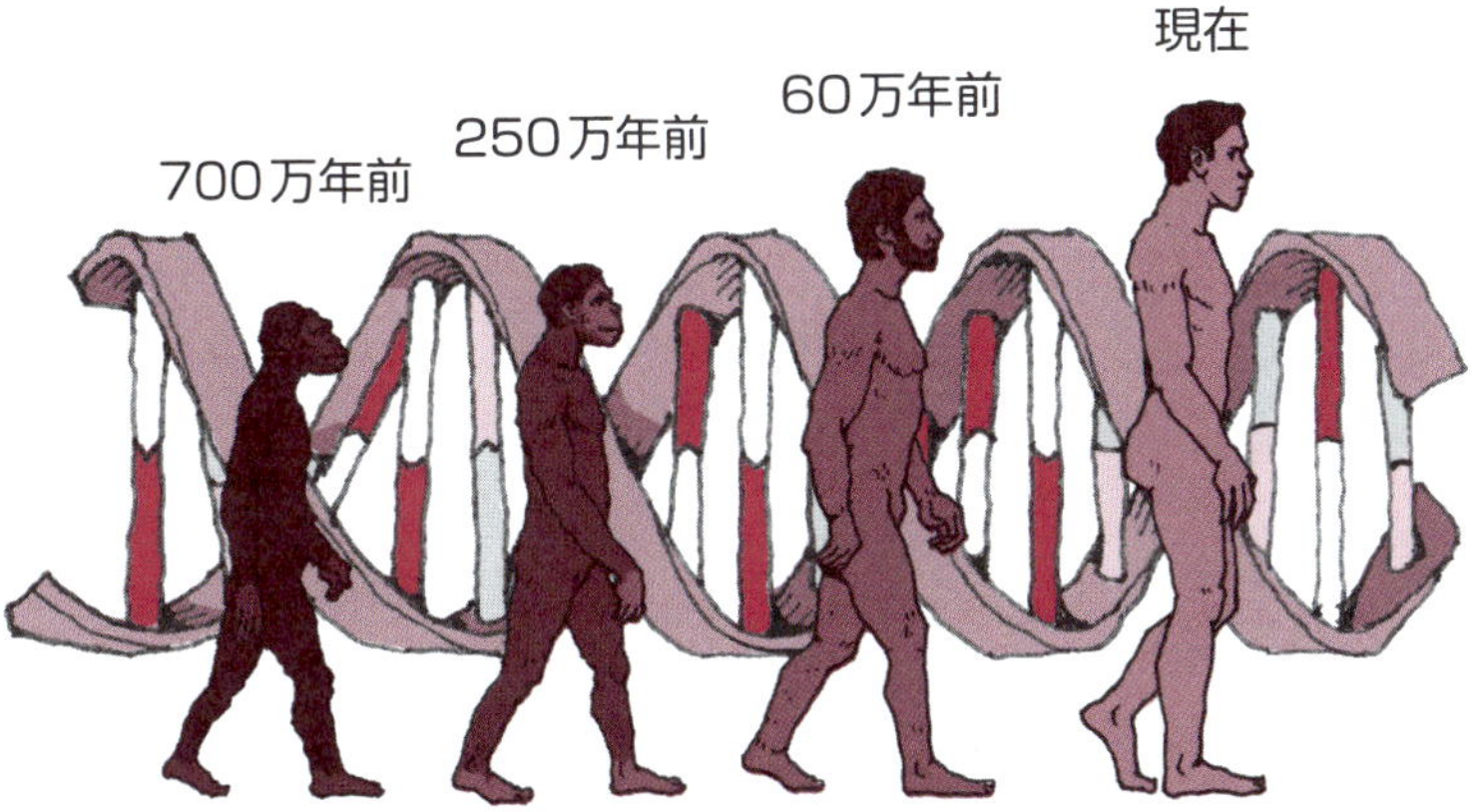

生物は遺伝子DNAを子孫へ伝えることで種を維持している。単細胞生物は自身を分裂させて全く同じ遺伝子を持つ固体を複製する。この過程で遺伝子が変化する突然変異が起きると別の資質を持つ子孫が誕生する。また、ヒトのように性別があり有性生殖をする生物は、生殖の過程で父母両方から別の遺伝子を受け継ぐことで多様性のある子孫が生まれる。それにより自然環境などに適応した子孫を残すことができるようになる。

RNA と DNA

RNA

ウイルスなどの原始的な生物が持つ核酸のこと。またDNAを遺伝子として持つ生物では、DNAの複製を作ったり、DNAの情報からタンパク質を生成する時の仲介役として重要な働きをしている。

DNA

細胞の遺伝情報を持ち、伝達する役割をもつ核酸のこと。体内で細胞が自己複製できるのはDNAが複製されるからだ。また、父母それぞれから別のＤＮＡを受け取ることで多様性のある子どもができる。

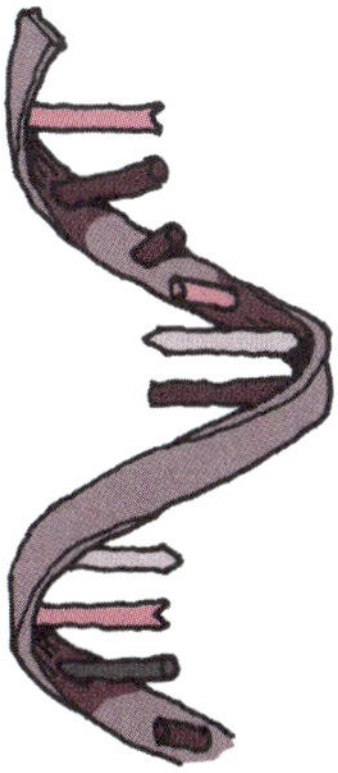

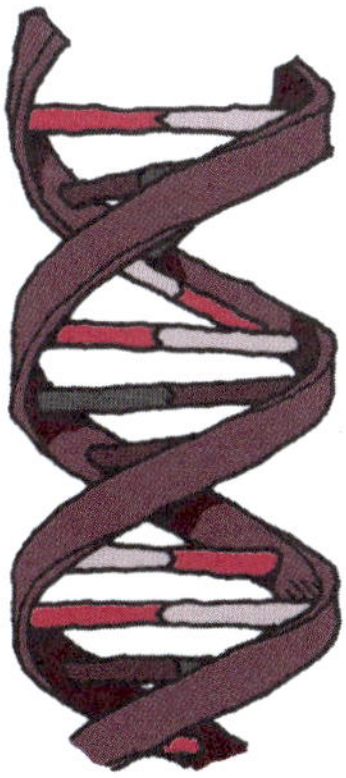

03 生命の誕生①
——宇宙からやってきた「宇宙生命起源説」

生命誕生の条件

地球上に最初の生命が誕生したのは今から40億年前から38億年前だと考えられている。なぜかというとグリーンランドにある38億年前の岩石の中から生命活動の証拠となる化石が見つかっているからだ。

生命が生まれるまでの過程は、「生命の化学進化」と呼ばれている。原始地球にあった物質が化学的に進化することで生命が誕生したというわけだ。

生命の材料となる物質で重要なのはアミノ酸である。アミノ酸がつながることでタンパク質ができるからだ。さらに遺伝子のもとになる核酸（ＤＮＡやＲＮＡ）の材料となる塩基、糖、リン酸といった物質も必要になる。

物質が複雑に進化するためのエネルギーは雷の放電や地熱、紫外線などが考えられている。

生命の起源は宇宙か

地球に生命が誕生した過程を説明するものには、いくつかの仮説がある。ひとつは「宇宙生命起源説」だ。「パンスペルミア説」（生命の種という意味）ともいう。

これは宇宙のどこかで誕生した生命の素となる物質が、隕石や彗星によって地球に衝突して運ばれてきたというものだ。地球に飛来するハレー彗星や隕石の中から生命の素になる有機化合物やアミノ酸が発見されていることからも信憑性《しんぴょうせい》がある。

生命の化学進化

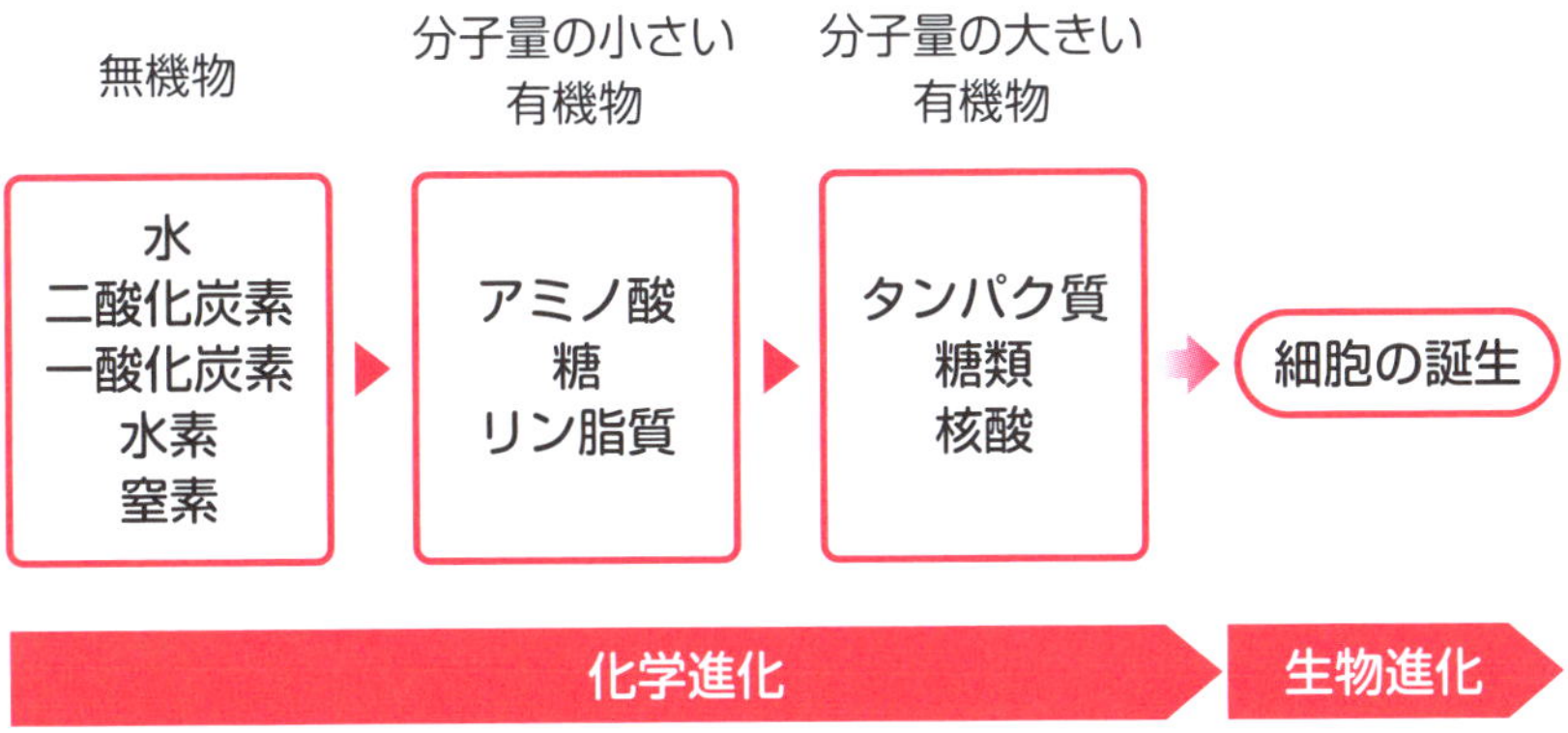

宇宙生命起源説

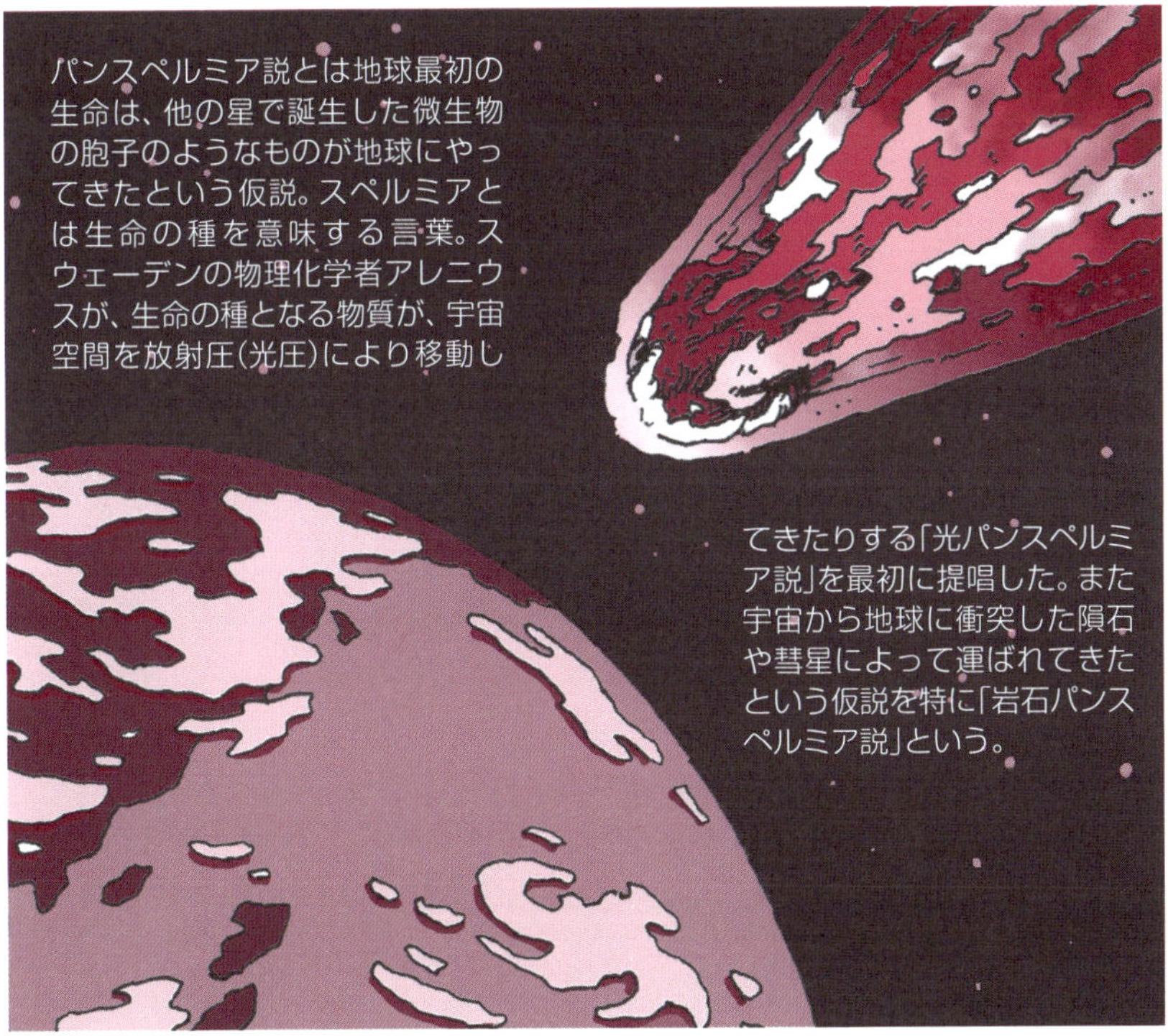

パンスペルミア説とは地球最初の生命は、他の星で誕生した微生物の胞子のようなものが地球にやってきたという仮説。スペルミアとは生命の種を意味する言葉。スウェーデンの物理化学者アレニウスが、生命の種となる物質が、宇宙空間を放射圧(光圧)により移動してきたりする「光パンスペルミア説」を最初に提唱した。また宇宙から地球に衝突した隕石や彗星によって運ばれてきたという仮説を特に「岩石パンスペルミア説」という。

04 生命の誕生②
——地球の大気から生まれた「原始大気説」

原始大気でも生命は誕生できた？

地球に生命が誕生した2つ目の仮説は「原始大気説」と呼ばれる。

原始地球の海や大気中に存在していた水や二酸化炭素、一酸化炭素、水素、窒素などの物質が、雷の放電や紫外線、宇宙線、地球内部の熱エネルギーにより化学変化し、より分子量の大きなアミノ酸や糖、リン脂質といった有機化合物になった。

これらがさらにつながり合いながら、タンパク質や糖類、核酸へと変化していったというものである。

このことは1953年にシカゴ大学の大学院生、スタンリー・ミラーが行った「ミラーの実験」によっても確かめられている。彼はメタン、アンモニア、水素、水蒸気などの混合気体に放電することで、タンパク質の素になるアミノ酸を生成することに成功したのである。

アミノ酸からタンパク質を生成するには？

このように大気中の物質からもアミノ酸が生成できることがわかった。だが、アミノ酸からタンパク質が作られるには、より複雑な過程が必要だった。

まずアミノ酸が結合してオリゴペプチドという物質ができるには高温という条件が必要となる。さらにオリゴペプチドが結合しタンパク質の素となるポリペプチドという物質になるためには反対に低温という条件が必要となる。これら2つの条件を同時に満たすのは深海だった。

生命起源の原始大気説

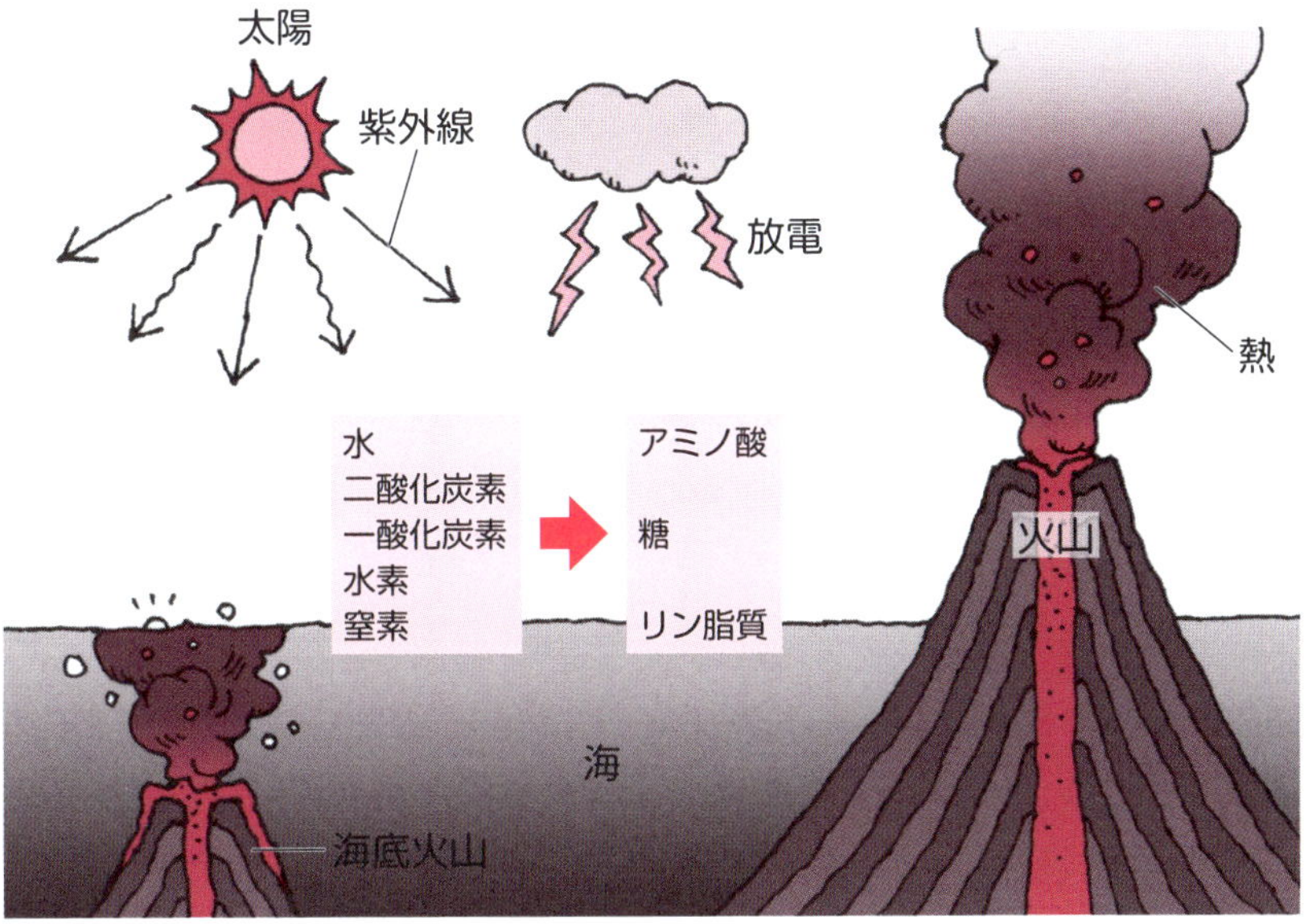

ミラーの実験

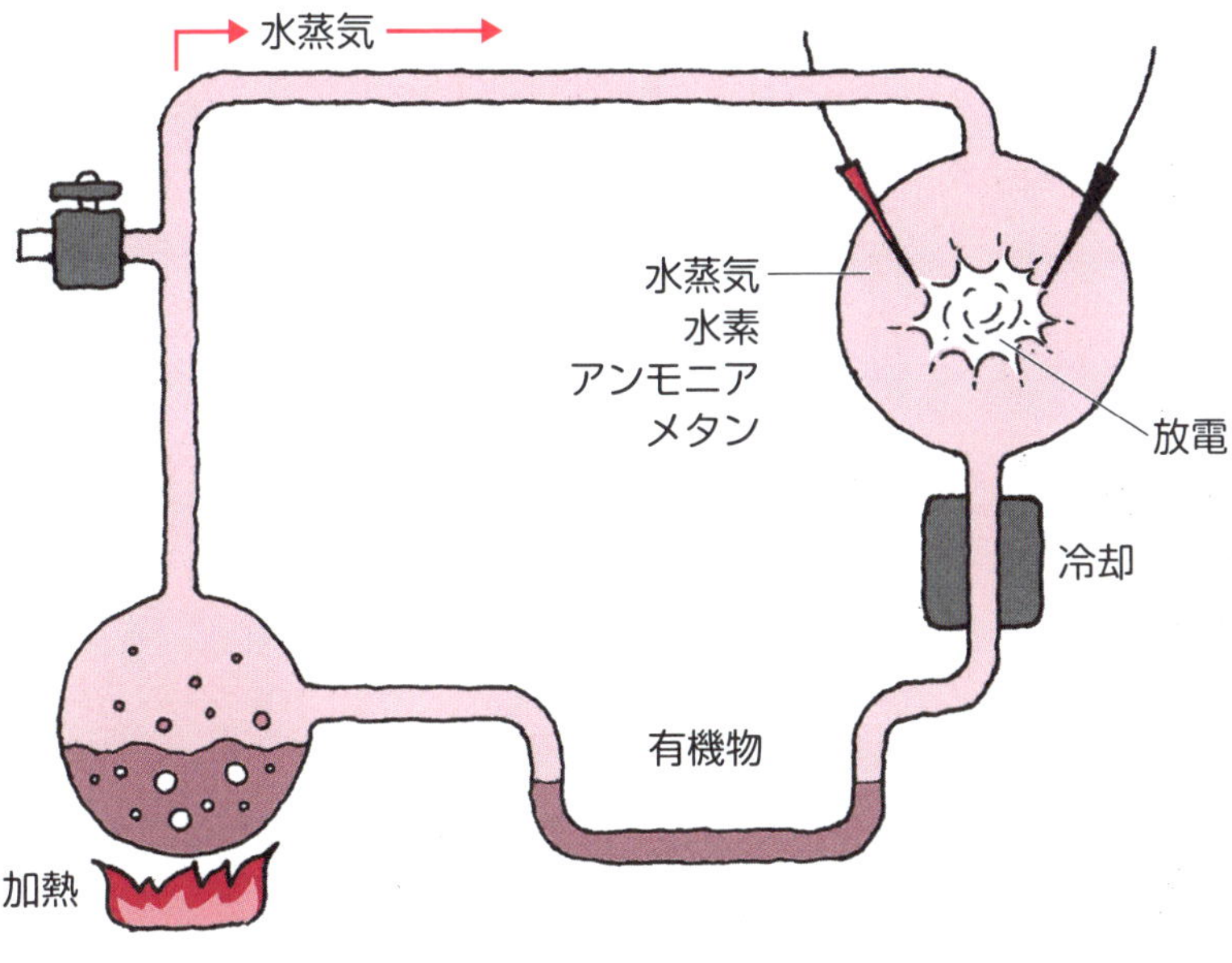

05 生命の誕生③
――深海で生まれた「熱水噴出孔説」

生命は深海で生まれたのか

地球に生命が誕生した3つ目の仮説は「熱水噴出孔説《ふんしゅつこう》」と呼ばれるものだ。実はこれが現在最も有力視されている仮説である。

アミノ酸からタンパク質が生成されるためには、高温と低温両方の条件が必要だ。こうした条件を満たす場所が、深海にある「熱水噴出孔」である。

水深3000mの深海で、マグマが海底近くまできている場所がある。ここでは高圧のため300から400℃にもなる高温の熱水が噴出するところがあり、それが熱水噴出孔である。

また吹き出される火山ガスの中には二酸化炭素、一酸化炭素、二酸化硫黄、硫化水素などの生命の素となる物質が含まれている。

そして、水中に熱水が噴出されるため、高温の部分と低温の部分が発生し、前述した条件を満たす環境が生まれるのである。

生命と海の深い関係

ヒトの体液と海水の成分は類似している。具体的には、ヒトの血清《けっせい》（血液の液体成分）に含まれているナトリウムやカリウム、カルシウムなど主要なミネラルの濃度は海水のミネラル濃度と非常によく似ている。

これは生命が海から誕生したことと深い関係があり、その大きな証拠のひとつではないかと推測されている。

深海の熱水噴出孔

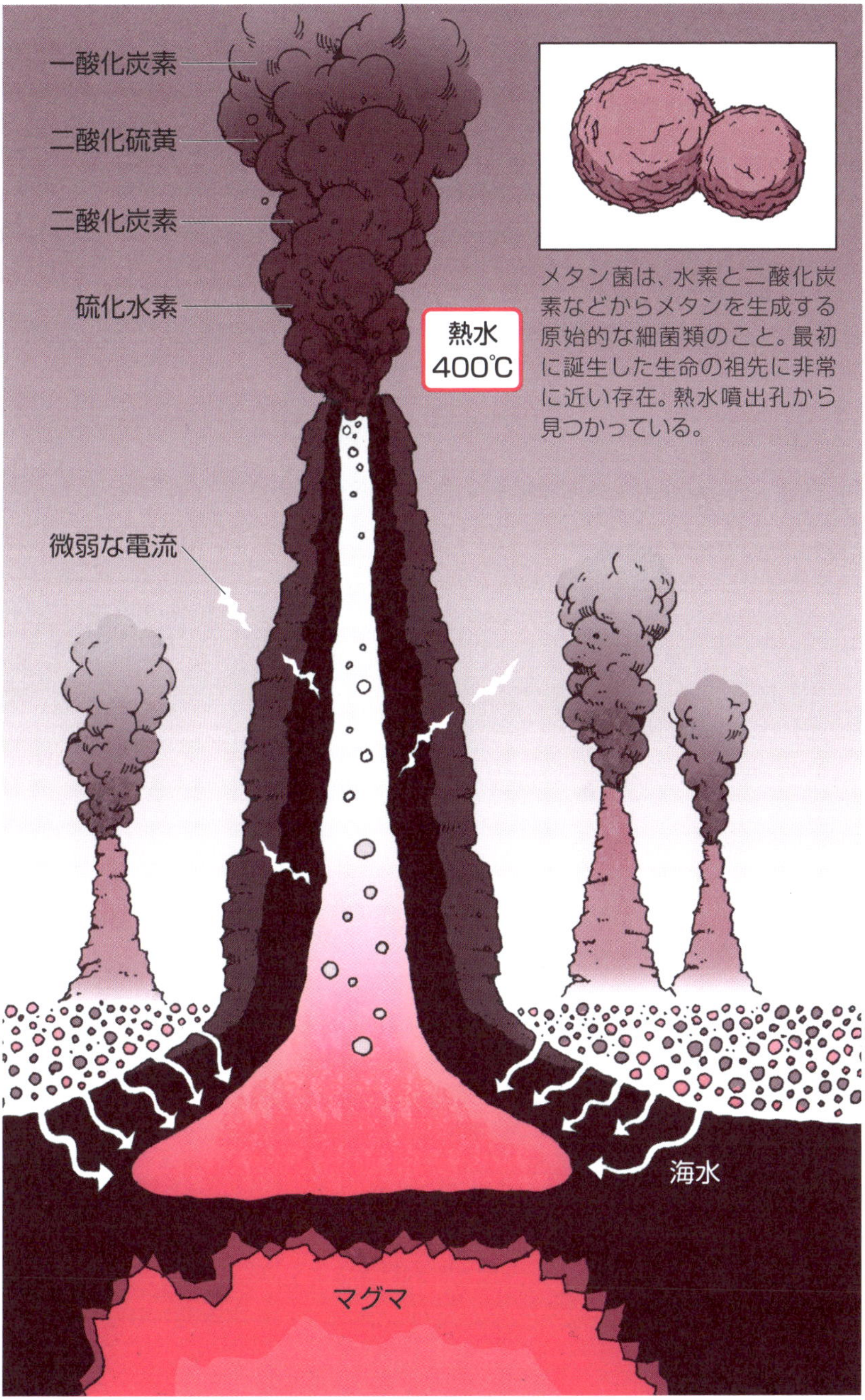

メタン菌は、水素と二酸化炭素などからメタンを生成する原始的な細菌類のこと。最初に誕生した生命の祖先に非常に近い存在。熱水噴出孔から見つかっている。

06 酸素によって生物は進化した
——原核生物から真核生物へ

原核生物から真核生物への進化

38億年前に誕生した原始生物は細胞内に核を持たない「原核生物」だった。まだ地球には酸素がなかったため、硫化水素などを利用してエネルギーを得ていた。

27億年前に光合成をする生物が誕生し、酸素が生成されたことで、酸素を吸って二酸化炭素を排出する生物が誕生した。細胞内に核を持つ「真核生物」である。

酸素を利用した呼吸をする生物は、それまで酸素以外の物質を利用していた生物よりも、より大きなエネルギーを得ることができる。

その結果、生物は身体を大型化させることができるようになり、やがて海から陸上へと進出し、飛躍的に生息範囲を拡大していった。

細胞内共生説

太陽光と二酸化炭素、水から養分と酸素をつくり出す光合成は、「葉緑体」で行っている。また、呼吸により酸素を利用してエネルギーを作る働きをしているのは細胞内にある「ミトコンドリア」という器官である。

もともと葉緑体やミトコンドリアは、独自に生存する原核生物だったと推測されている。そのため葉緑体やミトコンドリアは独自のDNAを持っている。それが真核生物の細胞内に入り込み、共生するようになったと考えられている。これを「細胞内共生説」という。

真核生物と原核生物

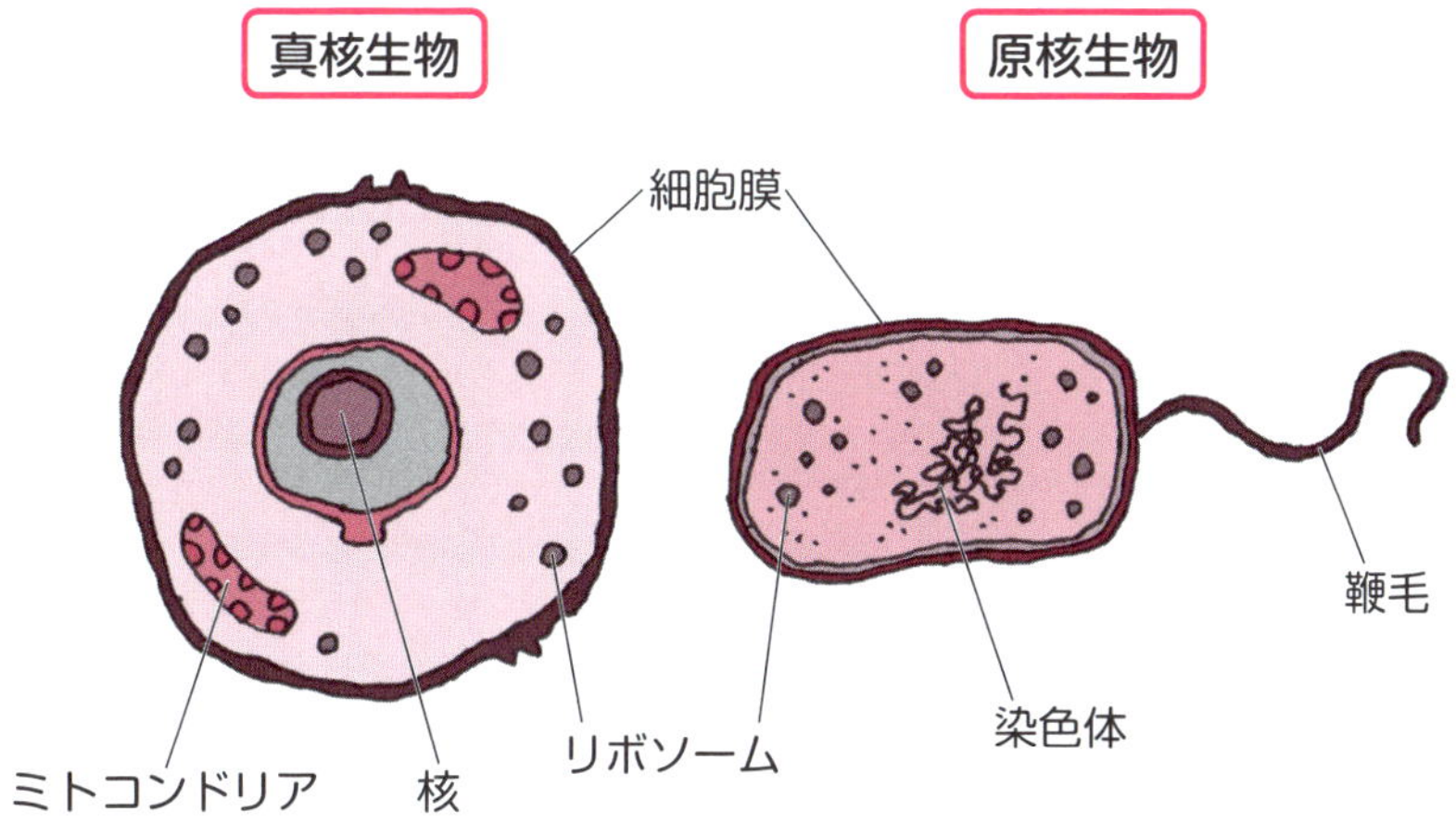

真核生物とは細胞内に核膜で囲まれた核を持つ生物のこと。その核の中にDNAが入っている。ヒトなどほとんどの生物は真核生物である。一方、原核生物は核を持たず遺伝子ＤＮＡは細胞内にそのまま浮遊している。原始的な単細胞の細菌や藍藻がこれにあてはまる。

細胞内に共生する過程

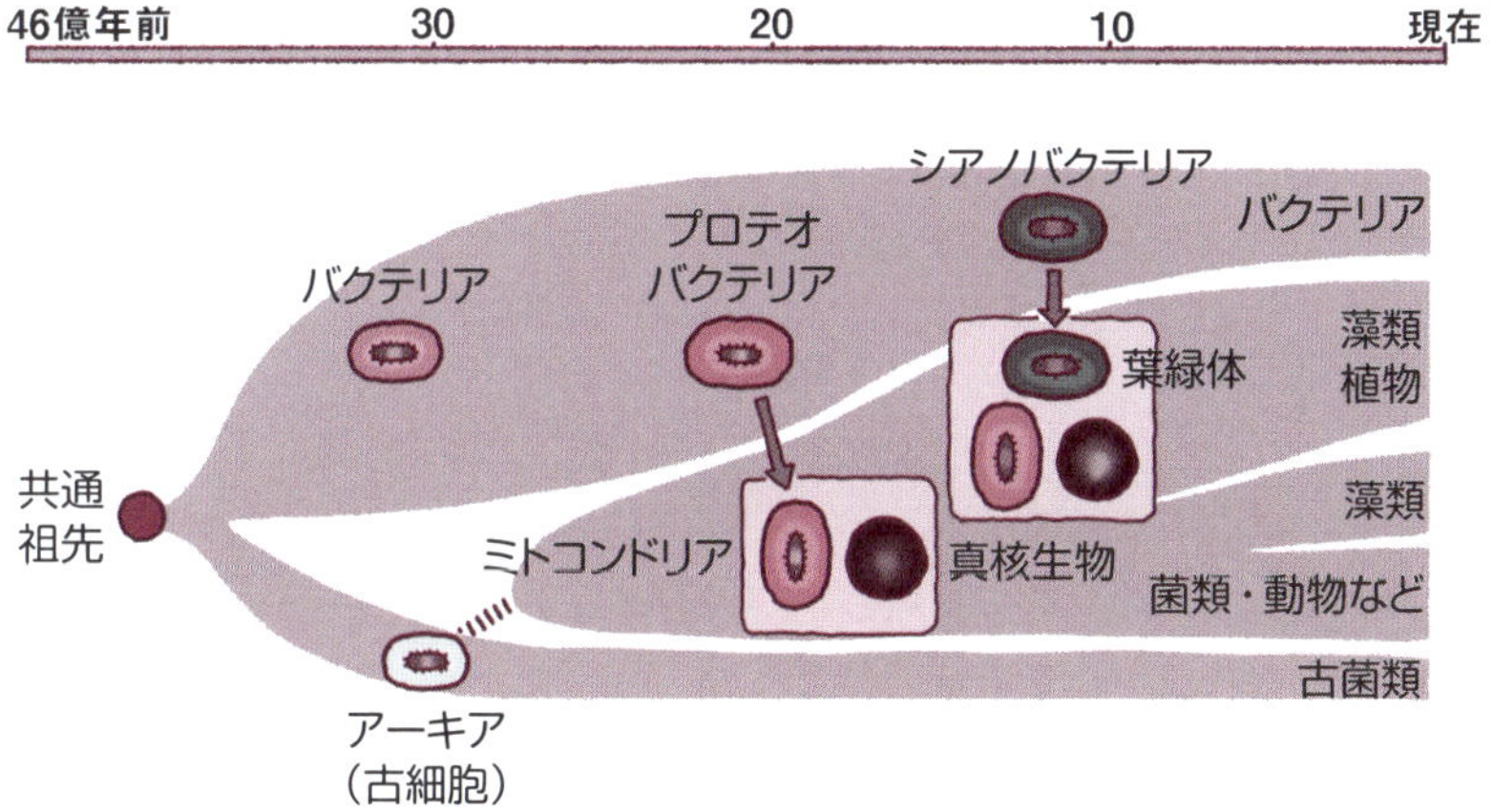

植物の光合成は葉緑体で行い、呼吸はミトコンドリアで行われている。これら葉緑体やミトコンドリアは、かつて独自に生存していた原核生物だった。それが真核生物の細胞内に入り、そこで共生するようになったと考えられている。

07 2つの性があることで多様性が生まれた

性がわかれたことで高まった環境適応力

そもそもヒトや哺乳類など高等な生物にオスとメスという2つの性があるのはなぜだろうか。

それはオスとメスという2つの性によって新たな生命をつくる「有性生殖」の方が環境に適応した子孫を残すことのできる可能性が高くなるからだ。

アメーバなどの生物は自らの細胞を分裂させることで増えることができる。これを「無性生殖」という。

無性生殖の生物は増えることは簡単で増殖の能率がよいが、全く同じ遺伝情報が伝達されることになる。これは同じ性質を持ったコピーが作られるのと同じなので環境が悪化した場合など、それに対応できず全滅してしまう可能性がある。

進化を早めることができた

一方、オスとメスという2つの性がある有性生殖の生物は、同じ両親から生まれた子の形体や性質がそれぞれ異なるように、多様性のある子孫を残すことができる。その結果、環境の変化などに対する適応力が増し、子孫が生き残っていく可能性も高くなる。

さらに多様性のある子孫を残すことができると進化を早めることにもつながった。

また、オス、メスどちらかの遺伝子に欠陥があった場合でも、それを正常な方の遺伝子が補うことができるというメリットもある。

有性生殖と無性生殖

植物

哺乳類

鳥類

魚類

有性生殖

生殖：受精が起こる生殖
利点：多様性がある
　　　環境適応力がある

無性生殖

生殖：細胞分裂
利点：同じ特徴の子孫を残す
　　　増殖の能率がいい

ヒドラ

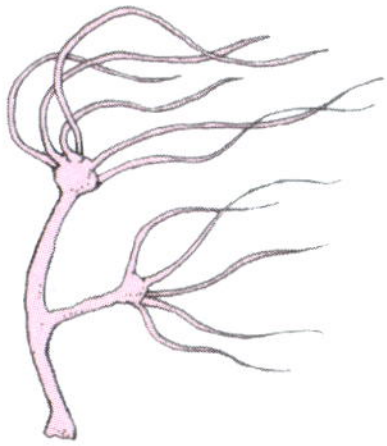

アメーバ

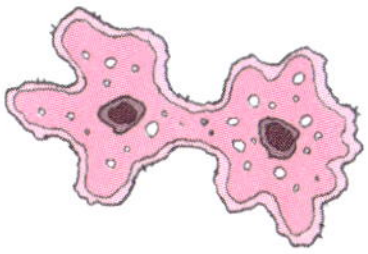

プラナリア

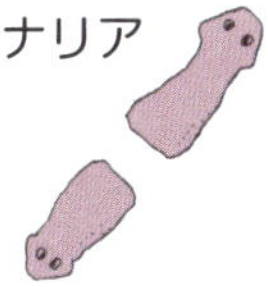

カビ

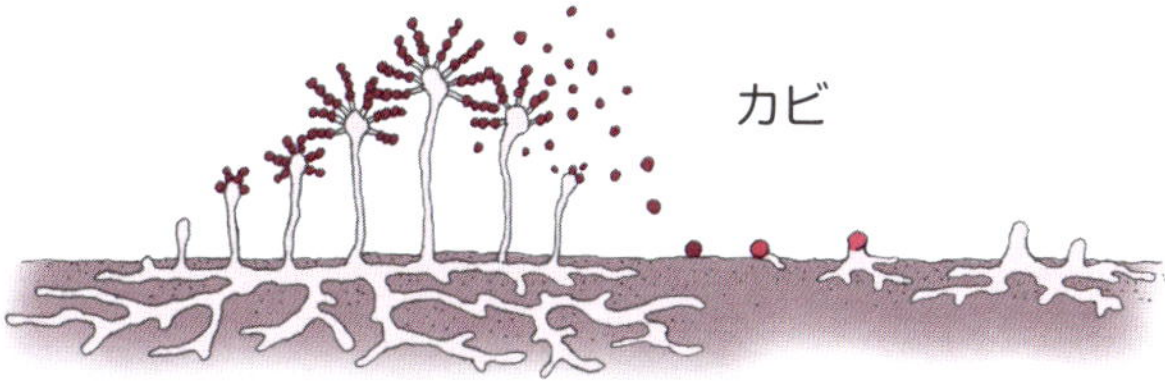

08 生物にプログラムされた「死」の意味

生物に寿命があるわけ

老化とは加齢とともに身体の機能が衰えていき最終的には死をむかえることをいう。

老化が起きる原因には大きく2つの説がある。細胞にはあらかじめ分裂できる限界（寿命）がプログラムされているというもの。もうひとつは細胞が分裂する際に遺伝子にエラーが蓄積されていくためというものだ。こうした理由から老化が起き寿命をむかえる。

つまり、複雑に進化した生物にとって「死」は宿命であるともいえる。また、より生存に適した新しい遺伝子に環境を渡すため、古い遺伝子は死ぬ方が有利になると考えられる。

大量絶滅が進化のきっかけになる理由

これまで地球上に出現した生物のうち、約9割以上が絶滅している。中でも過去5億年の間で、短期間のうちに当時生存していた生物の5割から9割が絶滅する大量絶滅が5回起きている。

結果的に生物の大量絶滅は、新しい種に生存する場を与え、進化するきっかけになったとも考えられる。

それまで繁栄していた生物が絶滅することにより、厳しい環境にも適応した新しい種が生存できるようになるからだ。たとえば、恐竜が絶滅したことで、それまで恐竜の陰でひっそりと生存していた哺乳類が繁栄できるようになった。

5度の大量絶滅と生物の種類の減少

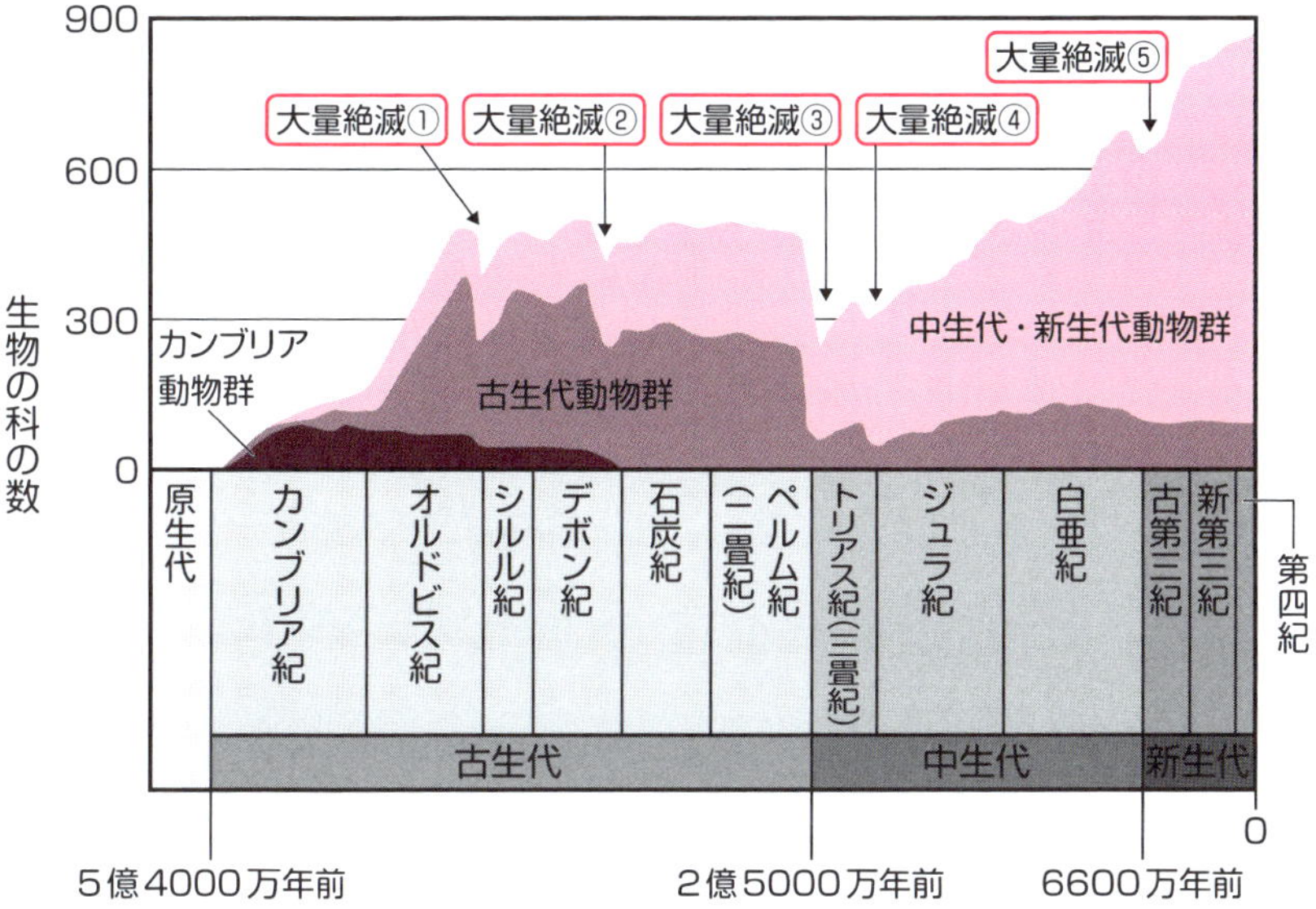

参考資料：Sepkoski,1984

5度の大量絶滅の原因

時期	大量絶滅の考えられる原因
大量絶滅① オルドビス紀末 (4億4300万年前)	氷河時代の到来により海面の凍結や水位が変動。浅瀬に住む生物の多くが絶滅。または、スーパーホットプルームによる火山の大噴火が原因とも考えられている
大量絶滅② デボン紀後期 (3億7000万年前)	温暖な気候から大規模な寒冷化に変化。海面の低下などで多くの海の生物が絶滅
大量絶滅③ ペルム紀末 (2億5200万年前)	史上最大規模といわれる絶滅事件。酸素濃度低下で、9割の生物が絶滅。大規模なマグマの噴出が原因とみられる
大量絶滅④ 三畳紀末 (2億100万年前)	酸素濃度の低下により陸と海の生物の多くが絶滅。大洋の海底で起きた巨大な火山活動が原因と考えられている
大量絶滅⑤ 白亜紀末 (6600万年前)	隕石の衝突により大気が大量のチリでおおわれ、気温が低下

09 生物の爆発的進化——目と殻の獲得

初めての多細胞の無脊椎動物

今から7億年前、6億4000万年前の全球凍結により生物のほとんどが大量絶滅した。その後、5億9000万年前頃から地球は温暖になり、生き残った生物は急激に進化していった。大量絶滅により天敵や生存競争をする相手がいなくなったからだ。

具体的には大型で偏平《へんぺい》な形をした背骨を持たない多細胞の無脊椎《せきつい》動物が初めて現れた。これらの生物は化石が発見されたオーストラリアの地名から「エディアカラ生物群」と呼ばれている。エディアカラ生物群はカンブリア紀が始まる直前に絶滅した。これはあとに出現した生物に食べられてしまったと推測されている。

硬い殻、眼を持つ生物の登場

今から5億4000万年前、古生代初めのカンブリア紀には、生物の爆発的な進化が起きた。これは「カンブリア紀の大爆発」と呼ばれている。

この爆発的進化により短期間のうちに多くの種類の生物が誕生した。現在の地球上にいる生物の先祖にあたる大半がここで生まれたと考えられている。

この少し後の時代に既存の分類群にあてはまらない奇妙な形の化石群が発見された。最初に発見されたカナダの地名から「バージェス動物群」と呼ばれている。大型で硬い殻を持ち、眼を持っていたのが大きな特徴である。

発見された最古の生物、エディアカラ生物群

爆発的な進化を遂げたバージェス動物群

10 生物の陸上進出
――両生類、昆虫、は虫類の痕跡

陸上に初進出した生物とは

27億年前に光合成をする生物が誕生し、酸素が生成され、4億5000万年前にはオゾン層ができていた。オゾン層により有害な紫外線の影響がなくなり生物は陸上へ進出することができるようになった。

古生代シルル紀の4億3000万年前に植物が陸上へ進出したことがわかっている。最初に上陸した植物は緑《りょく》藻類《そうるい》（ノリなどの仲間）のコケに似た植物だった。

両生類、昆虫、は虫類の登場

根や茎、種子を持つシダ植物が出現したのは、古生代デボン紀の4億1000万年前から3億6000万年前。

また、この頃、淡水に住む魚類の中から両生類が生まれ陸上へ進出した。両生類の「イクチオステガ」が初めて陸上生活した四足動物。

4億年前には昆虫類も陸上に現れた。ちなみに昆虫は、海にいた甲殻類などから進化したと考えられている。

古生代石炭紀の3億6000万年前から3億年前にはシダ植物の大森林ができた。これらはその後、土中へ埋もれ石炭になった。石炭紀には羽を持った昆虫も現れた。体長70㎝もある巨大なトンボ、メガネウラがいた。このように昆虫が巨大になったのは、当時の酸素濃度が高かったためだと推測されている。

古生代石炭紀末の3億年前頃には、は虫類が登場した。は虫類は恐竜へと進化し、大繁栄することになる。

陸上に進出した生物

11 隕石の脅威にさらされる生物
――恐竜の絶滅

恐竜は恒温動物で鳥に進化した？

古生代ペルム紀末の大量絶滅後の中生代（今から2億5000万年前から6600万年前）に最も栄えたのは恐竜である。

恐竜は骨盤の違いから大きくティラノサウルスなどの竜盤類《りゅうばんるい》とトリケラトプスなどの鳥盤類に分けられる。

のちに竜盤類の中から羽毛を持ったものが現れ、鳥に進化したものがあったと考えられている。

また恐竜は、現在のは虫類のように変温動物だと思われていたが、その後の研究により体温を保つことのできた恒温動物だった可能性が強くなってきた。仮に恐竜が変温動物だったとしても身体を巨大化させることで体温を保つことができたのではないかという説もある。

恐竜の絶滅

恐竜は今から6600万年前に絶滅した。

恐竜が絶滅したのは、巨大隕石が地球に衝突したことが原因であると考えられている。これは恐竜が絶滅した6600万年前の地層から隕石に含まれているイリジウムという物質が大量に発見されたからだ。その後、それを裏付けるようにメキシコのユカタン半島で隕石が衝突した時にできた巨大なクレーターも発見された。

広島型原爆の10億倍という衝突エネルギーによる地球環境の劇的な変化が恐竜を絶滅へと追い込んだ。

隕石衝突の脅威

隕石衝突の影響　衝突地点から1000km以内にいた場合は即死。

直後の影響

猛烈な森林火災
隕石の衝突による熱放射や飛び散った高温の岩石が森林火災を引き起こした。

大規模な地震
少なくともマグニチュード10.1の地震が起きたという。

巨大な津波
地形によっては最大305mの津波が発生。

その後の影響

酸性雨説
地球に酸性雨が降る。海が酸性化して生物が絶滅。

衝突の冬説
舞い上がったちりやほこりが太陽光を遮り寒冷化。光合成の停止で食物連鎖が崩壊。

中生代の恐竜

ティラノサウルス
中世代白亜紀に生存していた竜盤類に属する二本足歩行の大型肉食恐竜。体長は10～14m。名前は「暴君のトカゲ」という意味。身体に羽毛があったといわれている。子孫の中から鳥に進化したものがあるのではないかと推測されている。

トリケラトプス
中世代白亜紀に生存していた鳥盤類に属する扇のようなフリルと3本の角を持つ四本足歩行の草食恐竜。体長は約9m。名前は「3つの角を持った顔」という意味。トリケラトプスなどの鳥盤類は現在に続く子孫を残すことができずに絶滅したと推測される。

12 認知能力を持った生物の登場
——人類の誕生と進化の歩み

人類誕生の場所

直立二足歩行をする猿人が誕生したのは、700万年ほど前から活発化したアフリカ大地溝帯の形成がきっかけになっている。アフリカ大地溝帯とはアフリカ大陸の東部を南北に走る標高1000mを超える山脈に沿って形成された幅30から60㎞、長さ6000㎞にもなる断層陥没地帯のことだ。これによりアフリカ大地溝帯の西側では森林が残ったのに対し、東側では雨量が減少し、乾燥したサバンナ地帯になった。

森林がなくなったサバンナ地帯で食料を探すためには直立二足歩行が必要だったのである。そして、直立二足歩行により自由になった手で石器などの道具も使用できるようになった。

このようにアフリカ東部の大地溝帯で人類の祖先が誕生したという説を「イーストサイド物語」という。

人類進化の歩み

人類の祖先となる猿人が700万年前に類人猿から分かれたと考えられている。

人類進化の過程を簡単に追うと「猿人・原人・旧人・新人」の順になる。

猿人が直立二足歩行をしており、原始的な石器を使用していた。その後、火の使用や脳の巨大化、認知能力の獲得など人類は進化する。

人類進化

猿人
700万年前に見つかった通称「トゥーマイ」が最古の人類の可能性がある。樹上生活から草原へ生活の場を移し、直立二足歩行を始める。脳容量が300cc程度。

原人
250万年前から猿人から原人への進化が顕著になる。狩猟により肉食生活がはじまる。また、火を使用し、石器を使用する。脳容量は600～1200ccと肥大化。

旧人
約60万年前に登場した人類。脳容量は現代人とほぼ同じ1450ccもあり、「ネアンデルタール人」のなかには1700ccを超える個体もいた。

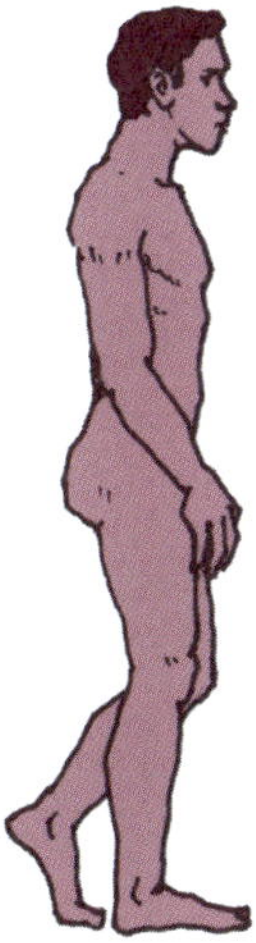

新人
ホモ・サピエンスと言われ、現在、唯一の人類。4万7000年前に全世界に分布した。認知能力を獲得し、複雑な思考と意思疎通が可能になった。

13 われわれはどこへ向かうのか

宇宙に進出する生命

　われわれ人類はこれからどこへ向かうのか。

　そのひとつは宇宙への進出だ。まず始めに進出する可能性が高いのは地球から最も近い月である。

　既に宇宙空間において国際宇宙ステーションが実用化されている。この技術があれば月面に短期間滞在できる施設建設の可能性がある。ただし、人間が本格的に月へ移住して長期的な生活をするには課題が多い。月の重力は地球の6分の1のため、重力の変化が人体に及ぼす悪影響をどうするのか、長期間の生活が可能なだけの空気や水をどうやって確保するのか、昼夜の気温差が200℃もある環境で生活できるかといった問題がある。

地球を守ることが重要

　遠い未来には人類が宇宙へ進出する可能性も大切だと考えられるが、まずは地球を住みやすいものにすることが重要だろう。また、地球をさらに調べて理解することも大事である。地球規模の自然変動を防ぐことはできないにしても、極端な自然破壊、無制限な遺伝子改変、核戦争などやってはならないことがたくさんある。

　この広い宇宙の中で、大地や大気、水など、様々な奇跡に恵まれた地球。その中で、生命が誕生し、人類まで進化することができた。その奇跡を活かすも殺すも人類しだいである。

宇宙に進出する生命

地球に生命が生まれ、生命の生息圏は深海から海中、そして陸上へ進出。そしてアフリカで生まれた人類はその後、5大陸すべてに分布するようになった。その後、人類は宇宙に行くことができた。人類が初めて住む惑星を見た生命で、地球が偶然と奇跡でできたと理解したのも人類が初である。人類は今後、宇宙へ行くのか。地球とどのように向き合うのか。そして、設計図には今後、どのようなことが記されているのだろうか…。

「地球の設計図」の解明者たち

地球の設計図を解き明かしてきた科学者たち。その絶え間なく続いてきた発見と研究のバトンはいまもなお続いている。

宇宙の大原則「万有引力」

科学史上最大級の発見のひとつにアイザック・ニュートンの「万有引力」があげられる。ニュートンは、地球の表面近くにある物体は地球の中心に向かって引っ張られており、それは月やその他の天体にも適用されると考えた。「そうした何らかの力がなければ、月は軌道上にないととどまっていられないはずだ」と語っている。質量をもつすべての物体の間に引力がはたらき、質量が大きいほど物体を引く力が大きくなる「万有引力の法則」を1665年に発見する。

それまで物体が地球に向かって落ちることは、古代ギリシアから考えられていた。アリストテレスは、土・空気・火・水の「四元素説」から、事物はそれが帰属しているものに帰りたがると考え、石は地球に向かって落ちるとした。

さらに、ガリレオ・ガリレイは16世紀に落下運動の実験を行ったが、それを宇宙にまで広げるに至らなかった。

地球と月

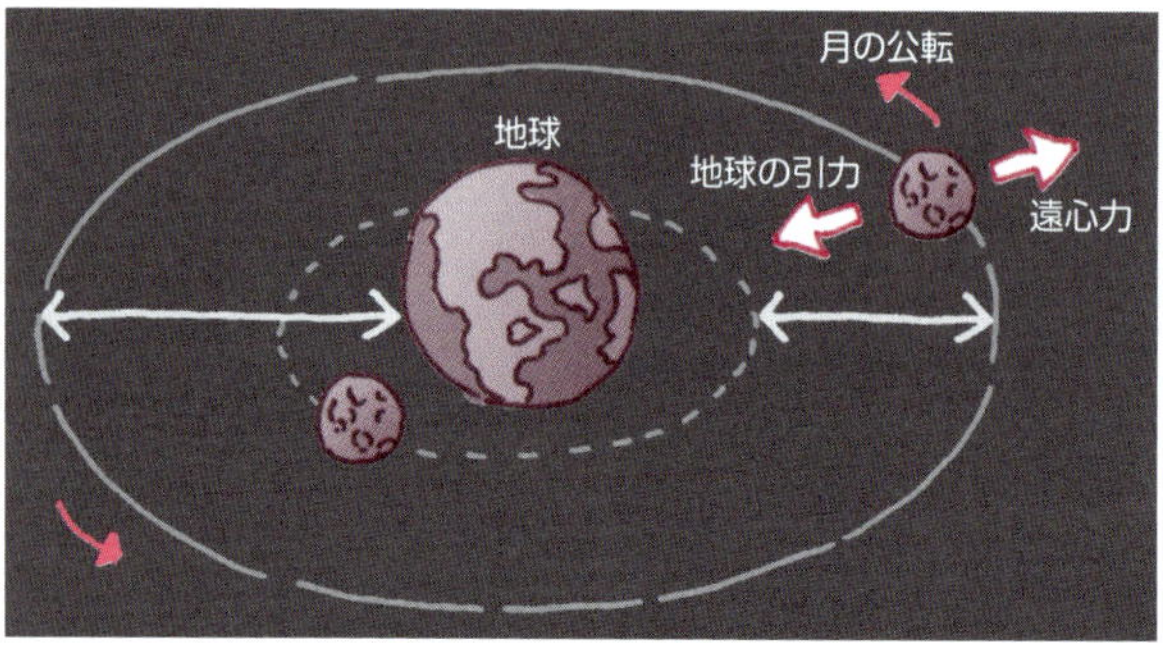

地球は45億5000万歳とどうしてわかったか

いま、地球は何歳なのか――。初めて科学的に地球の年代を算出しようとしたのは、18世紀のフランスの博物学者ビュフォン伯爵だったと考えられる。地球は高温だったため、現在の温度まで冷えるのにかかった時間から7万5000年が地球の年代だとされた。

1830年、『地質学原理』を著したイギリスの地質学者チャールズ・ライエルは、地質の歴史は今の地球上で見られるのと同じ、ゆっくりとした変化で説明できるという「漸進的変化」を普及させた。この考え方は、のちにチャールズ・ダーウィンに影響を与えることになる。

また、ライエルは、1785年に発表されたイギリスの科学者ジェームズ・ハットンの「斉一説」を支持した。斉一説とは、簡約すると「地質学的変化は今も目の前で起きている出来事と同じように説明できる」という。つまり、ライエルは現在のようなゆっくりとしたプロセスで地球は変化するため、地球は既に何億年という年を経ているはずだという。

1896年、フランスのアンリ・ベクレルにより「放射能」が発見される。放射能はある種の岩石の絶対年代の測定に利用できるとされた。アメリカのバートラム・ボルトウッドがさまざまな標本の年代測定を試み、2億6500万年から20億年以上までの年代を割り出した。

しかし、現在の岩石ができるより前から地球は存在していたと考えられるため、科学者は地球と同時期につくられた隕石に目を向けるようになった。1955年、アメリカの地球化学者クレア・パターソンが放射性年代測定で、地球と同じ化学的構造の隕石を測定。それが現在にも広く知られている45億5000万年とされている。

「土の中の歴史」が何を語るか

「地層」は地球の歴史を記録する。それを明らかにしたのは、17世紀の医者で科学者のニコラウス・ステノだった。ステノは崖の地層の積み重なりを見て「上の地層ほど、下の地層より新しい」と指摘し、地層に地球の時間の流れが記録されていることを明らかにした。自然現象に時間という概念を導入したことであらゆる科学に影響を与えた。ダーウィンの進化論もその中のひとつである。

地層に新旧があることは、そこに含まれている「化石」にも時間・時代の流れがあることを示すことになる。化石は、動植物などの情報が保存され、絶滅した生物の形態や進化の手がかりとなってきた。

1778年、オランダのムーズ川付近で巨大な骨が発見された。のちに巨大なは虫類「モサウルス」と同定される化石だ。この生物は絶滅しているのだが、宗教的な理由から「絶滅」という考え方を受け入れられなかった。19世紀にフランスのジョルジュ・キュヴィエがモササウルスやプテロダクティルス（巨大な頭部と大きな口が特徴の翼竜）などの化石には現代の生物と類似点がないことに注目し、絶滅の現実性を確証した。

カンブリア紀の生物

1861年に「始祖鳥」の化石が発見され、1871年には「プテロサウルス」（飛行するは虫類）、その数年後には「ディプロドクス」（首と尾が長く、全長20から35mの大型恐竜）が見つかる。さらに、1909年、「バージェス頁岩」という化石遺跡が見つかり、カンブリア紀に爆発的に生物の種類が急増したことがわかった。

生命進化のしくみ

生命は、天地創造の神がつくったものである――。この命題に「生物進化」という考え方は宗教的な理由から長く拒絶されていた。

18世紀には化石を証拠として、それまでの種は固定的であるという考え方に異論が出始める。「種は時間をかけて変化してきたのではないか」と。1794年、エラズマス・ダーウィン（チャールズ・ダーウィンの祖父）が『ゾーノミア』を発表。そこには、原始形態の祖先からより高度な生物が出現してきたと提唱されている。大量の化石証拠からこの見解が支持された。

そして、1809年にチャールズ・ダーウィンが生まれる。神学よりも甲虫のほうに興味を抱く青年で、目にしたあらゆるものを書き写したり、標本採集をしたりして、さまざまな発見をしていた。ダーウィンは、前述のライエルの『地質学原理』を読み、生物の進化にもあてはまると考える。さらに、1938年、イギリスの経済学者トーマス・マルサスの『人口論』に大きな影響を受けた。『人口論』とは、「人口の増加が資源の限度を超え、競争につながる。結果として飢餓や貧困が起きる」という。これをダーウィンは動植物にもあてはまると考えた。「動植物の過密が起きないのは、生き延びられない個体がいるため。つまり、環境に有利ではない個体は死んでいき、生き延びた個体はその特質が子孫に受け継がれていく。何世代も経て漸進的な変化を遂げるものである」といい、これを「自然選択（淘汰）説」と呼んだ。

見えない地球の形と中身がどうしてわかるのか

地球はどのようなつくりであるのか。今でこそ、宇宙から撮った画像により球体であることがわかるが、古代はどのように考えられていたのか。また内部の構造がどのようにしてわかったのだろうか。

古代の人間は、地球は平坦で全体の形は円か四角、その上には半球状の空がある、地球をそう考えていた。たとえば古代エジプトでは、テントの上部のような空でおおわれ、4隅に巨大な山がそびえたつと信じられていた。

前550年頃に数学者ピタゴラスが最初に「地球は球体である」と提唱する。しかし、これは神々が世界を創造するときに最も調和のとれた幾何学立体であるため、この形を選んだというものだった。科学的な証拠を元に「球体地球説」を提唱したのはアリストテレスだった。「南に旅した者は北の地では地平線に隠れて見えない星空を眺めることが出来る」「月に映る太陽の光が地球の影になる現象〝月食〟がカーブを描いている」ことから地球は球体であるという。地球の大きさをはじめて測定したのが、**古代ギリシアの天文・地理・数学者のエラトステネス**。2地点間の距離を推定して、地球の円周の長さに算出したところ現在の長さでいう4万5000㎞とした。実際は4万75㎞のため、古代ギリシアの時代から実際と近い地球の大きさを知っていたことになる。

そもそも地球を形作る岩石はどのようにしてできたのだろうか。18世紀、**ドイツの地質学者ウェルナー**は、「すべての岩石は海のはたらきによってできた」という「水成論」を唱える。対して、先述のジェームズ・ハットンは「岩石は地球内部のマグマが冷え、固まってできた」とする「火成論」を唱え、両者の大論争が勃発。この岩石の生成を水に求めるか、火に求めるかという議論は広く知られ、小説家ゲーテの『ファウスト』に書かれているほどである。論争の末、火成論が認められることとなる。

また、地球の外見は〝見る〟ことができるが、内部はそうはいかない。内部はどのようにしてわかったのだろうか。

19世紀、地球内部の調べ方は地震の伝わり方に注目された。地震が起きると衝撃で地震波がおき、それが内部に伝わる。内部を貫き、地上に到達したときに検出することができる。19世紀の終わり頃、**アイルランドの地質学者リチャード・オールダム**が地震によって2つの波が起きると発見した。ひとつが固体も液体も伝わり、比較的早い波の「P波」。もうひとつが固体だけを伝える比較的遅い波の「S波」。これらの波は通る物質により速度が変化したり屈折した

地球内部

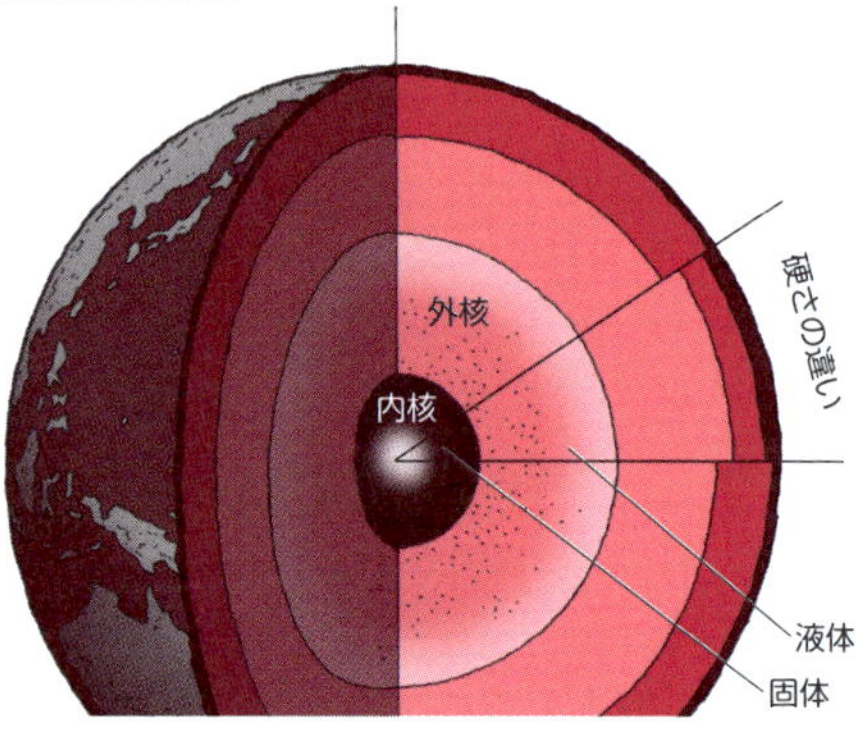

りする。

1906年、オールダムはP波が地球内部を伝わるうちに減速したことから、内部に密度の高い核があると推定した。1920年、**イギリスの科学者ハロルドジェフリーズ**が地球内部を通ったはずのS波が検出されない、大きな領域があることがわかった。このことから核の少なくとも一部が液体であることがわかった。それから10年後、**デンマークの地震学者インゲ・レーマン**がP波の屈折、反射から地球の核が内核と液体の外核に分かれていることを発見した。

また、大陸や海洋底の下で地震波の速度が急に変化することを**地震学者モホロビチッチ**が発見した。これは地殻と上部マントルを区別する境界面で、「モホロビチッチ不連続面」(モホ面)として知られている。

大陸移動を示すプレート・テクトニクス理論の産声

なぜ、ヒマラヤ山脈に海に生息していた貝の化石があるのか。なぜ、海を隔てた大陸に類似の化石や地層の重なりがあるのか。また、なぜ、地震と火山が起きるのが特定の地域なのか。長い間、科学者を悩ました地球のしくみが20世紀のある仮説から証明され始めた。

大西洋を挟んで2つの大陸の海岸線の形が一致するように見える。1596年、**ベルギーの地理学者アブラハム・オルテリウス**はそのことを指摘していた。南北アメリカは地震と洪水によってアフリカから引き裂かれたと考えていた。

1885年、**オーストラリアの地質学者エドアルト・ジュース**はインド、アフリカ、南アフリカで発見された植物の化石が似ていることに気づく。このことから3つの大陸は「陸橋」で結ばれており、「超大陸ゴンドワナ」だったと考えていた。海面上昇にともない陸橋が消えて大陸が分かれたという。

1912年、**ドイツの気象学者ウェゲナー**が「大陸移動説」を提唱。ひとつの大きな大陸「超大陸パンゲア」がいくつかの大陸に分離、移動したと考えた。1911年からこの説の証拠集めに奔走する。例えば、北アメリカ東部のアパラチア山脈とスコットランド高地の化石や岩石層が一致していることがかつてひとつの山脈だったことを示唆する。だが、大陸が移動するメカニズムを説明できなかったため、当初、受け入れられなかった。そして、野外調査中に不運の死を遂げてしまう。

20世紀初めに、**イギリスの地質学者アーサー・ホームズ**はマントル内部で起こっている対流が巨大な岩板を動かしているとする説を提唱した。そして、1960年代には**アメリカの地質学者ハリー・ヘス**がその説をもとに中央海嶺では新しい海底の岩板がつくり出され、海洋底が海嶺の両側へ広がるという「海洋底拡大説」を唱えた。

また、「岩石は地球の磁場の影響を受け磁気を帯びる。それが現在も残っている」という「自然残留磁気」の測定を手掛かりに、その時代の歴史を調べることができる。この「古地磁気学」が発展し、大陸移動や地球磁場の逆転などが明らかにされる。古地磁気学者の松山基範は、1929年に地球の磁場の逆転を提唱している。

1960年代後半には、地殻が10枚前後の移動するプレートから成るという説にもとづき、プレートの動きが検証された。その結果、かつて大陸がひとつだったことがわかった。それはウェゲナーが提唱した「超大陸パンゲア」だった。こうして「プレート・テクトニクス理論」が生まれた。

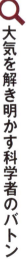

超大陸パンゲア

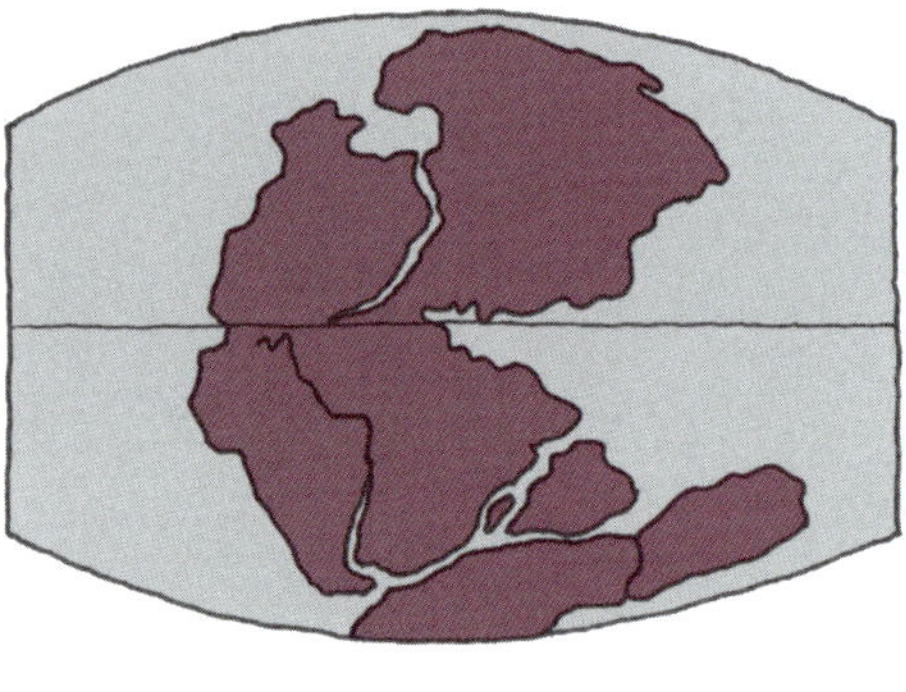

1987年、プレートの移動速度をアメリカ航空宇宙局（NASA）が電波望遠鏡を使って測定した。すると、1年に数㎝ずつ動いていることが確かめられた。

大気を解き明かす科学者のバトン

大気が動く原因とその動き方とは――。人間は有史以前より風の力を利用してきたが、そのメカニズムは解明できなかった。

紀元前550年、**古代ギリシアの哲学者アナクリマンドロス**は「風の本質は空気の流れであり、太陽に動かされて起こる」とほぼ正しい説明を記している。

1686年、**イギリスの天文学者エドモンド・ハレー**は、風を起こす原因は太陽熱であるとし、熱帯地方で暖まった空気は上昇し、高緯度地方の空気が流れ込み、風が起こると想定していた。

1700年代初め、**イギリスの気象学者ジョージ・ハドリー**が大気の循環モデルを発表した。赤道付近は太陽熱で温められ、空気は上昇、上空で高緯度帯の南北へ移動し、冷えて空気は降下する。気圧差により、地上では高緯度帯から赤道にむかって風が吹くという。東から西に風が吹く理由を1735年、ハドリーは、西から東に回る地球の自転がそうさせるといった。この地球の自転による効果を1835年、**フランスの数学者コリオリ**が精密にして「コリオリの力」として提唱した。

風の動き

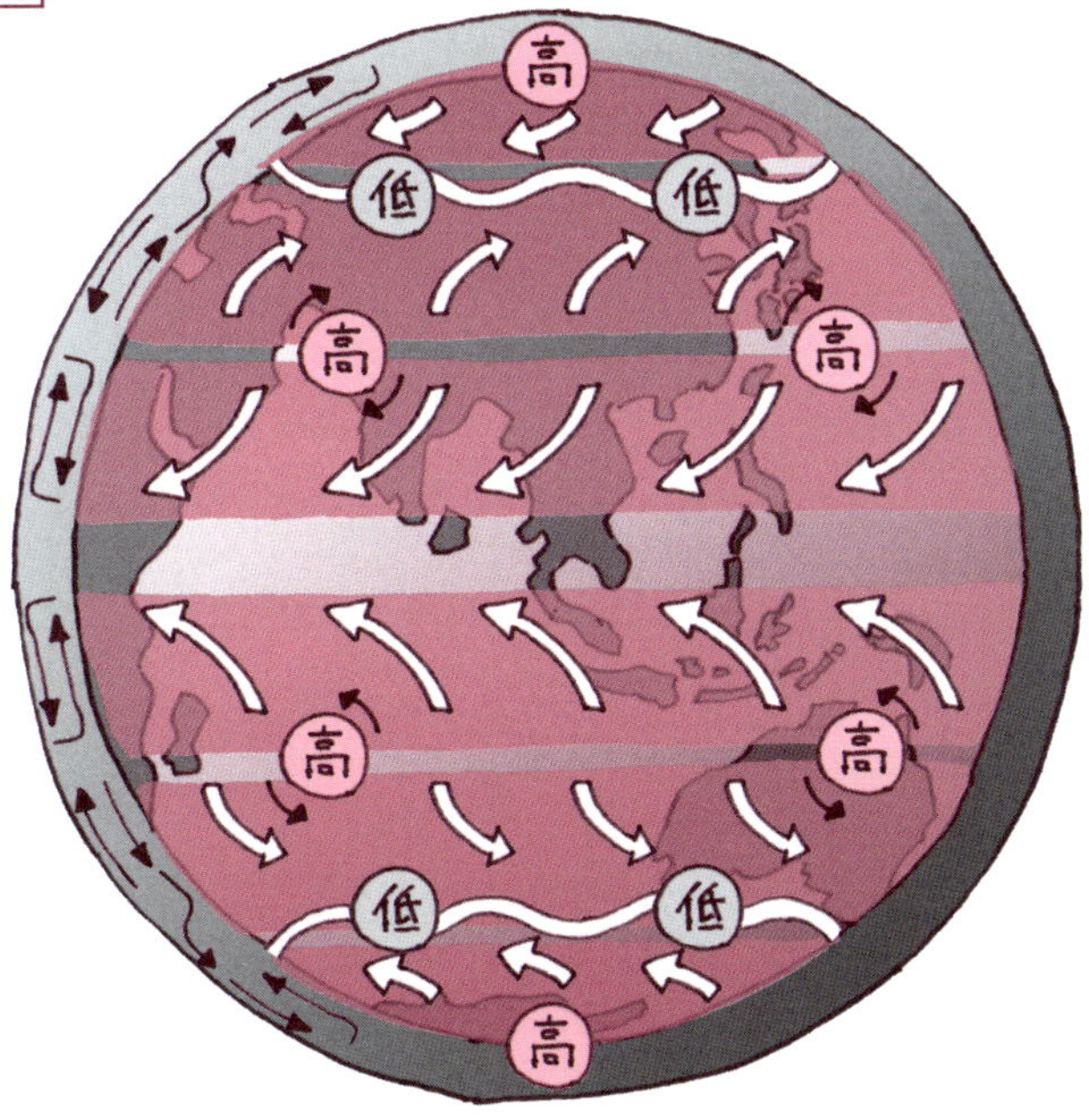

年表

46億年の地球の歴史

	年(頃)	宇宙	大地	大気	水	生命
冥王代	46億年前	太陽系に8つの惑星ができる	生まれたての地球はマグマの海「マグマオーシャン」におおわれていた			
	45億年前	地球に巨大な微惑星が衝突「ジャイアント・インパクト説」。月の誕生				
太古代	40億年前	微惑星の衝突が減る	地表が冷えて地殻ができる	大気が冷え、大量の雨が降り続く	海ができる(現在と同程度の海水量に)	原始生命の誕生
	38億年前					最古の生命の痕跡が見つかる
	28億年前		上部マントルの沈み込みにともない下部マントルが上昇する「マントルオーバーターン」が勃発。最初の超大陸が誕生する			
	27億年前		地場の発生		海中に酸素が溶けこむ	光合成生物「シアノバクテリア」が誕生
原生代	23億年前			氷点下30℃まで下がる	地球全体が凍結「スノーボールアース」	大量絶滅
	20億年前			地場の逆転現象がみられる		
	7億5000万年前		大量の海水が地中へ運ばれる	酸素濃度の増加	海水量が減り、陸地が増える	
	7億年前			氷点下30℃まで下がる	スノーボールアース	大量絶滅
	6億4000万年前			氷点下30℃まで下がる	スノーボールアース	大量絶滅

代	紀	年代	隕石	地殻変動	気候	海洋	生物
		5億9000万年前			温暖になる		生物の急激進化「エディアカラ生物群」
古生代	カンブリア紀	5億4000万年前					生物の爆発的進化「カンブリア爆発」
	オルドビス紀	4億4300万年前		スーパーホットプルームによる火山の大噴火	氷河時代の到来	海面が凍結。水位が変動する	オルドビス紀末の大量絶滅
	シルル紀	4億3000万年前					生物の陸上進出
	デボン紀	4億1000万年前					シダ植物の出現。両生類が生まれ、陸上へ進出
		4億年前					昆虫類が陸上に現れる
		3億7000万年前			大規模な寒冷化	海面の低下	デボン紀後期の大量絶滅
	石炭紀	3億年前					は虫類が登場
	ペルム紀	2億5200万年前		マントルオーバーターンによる超巨大噴火 地場が乱れる 大陸はかつてひとつだった「超大陸パンゲア」	大気中が大量の粉塵や火山ガスで満たされる 気温が十数度低下「プルームの冬」	海洋の酸素欠乏に	ペルム紀末の大量絶滅
中生代	三畳紀	2億2500万年前					恐竜やは虫類が登場、鳥類が生まれる
		2億1000万年前		海底で巨大な火山活動が起きる	陸と海の酸素濃度の低下		三畳紀末の大量絶滅
	ジュラ紀	1億5000万年前					恐竜の大型化
		1億4500万年前		火山活動の活発化	温室効果により気温差が小さくなり、風や海流の循環が停滞	(～6500万年前)海が無酸素状態になる「海洋無酸素事件」	海中の生物が死滅。海底に堆積した有機物がのちの原油に
	白亜紀	6600万年前	巨大隕石の衝突	大規模な地震の発生	大量の粉塵で太陽光が遮られる「衝突の冬説」	酸性雨が降り、海が酸性化「酸性雨説」	白亜紀末の大量絶滅
新生代	古第三紀	4000万年前		インド亜大陸がユーラシア大陸に衝突			
	新第三紀	700万年前					最古の人類(猿人)
		20万年前					ホモ・サピエンスの登場
	第四紀	60年前					人類の初めての月面着陸成功

監修にあたって

地球は、私たちの住む自然環境から、生活に利用する金属および非金属資源やエネルギー資源まで、はかりしれない恵みを与えてくれています。しかし、地球の働き・自然現象は、都合の良いことばかりではありません。私たちは、地震、津波、火山噴火、台風、豪雨など、多くの犠牲をともなう災害をなんども経験しており、地球がいかに激しく活動しているかを知っています。それでも地球はその都度回復して、そうした災いが地球のもたらす瞬間的な出来事であることを教えてくれます。

地球は、広い宇宙のなかで、太陽系ができていくときにつくられ、大気と海洋におおわれ、大陸と海洋底が形成されてきたわけですが、なぜか生命が誕生して、それが進化・多様化し、いまの人類にいたってしまいました。それは想像もつかないとても長い歴史です。

その歴史の果てにいまがあるのは、まさにいまの地球があるからです。その不思議さを知りたくて、たくさんの人が地球について調べてきました。地球のどんなことが調べられ、どんなことがわかっていて、どんなことを考えられてきたのかなど、この本では簡潔に触れられています。もちろん、地球や生命についてわかっていないことが多いわけですが、私たちはこれからも地球とつきあっていかなければなりません。地球を調べ続けることが大事であることを、ぜひ理解していただきたいと思います。

身近な風景・景観に、季節の移り変わりに、あるいは自然災害のときに、地球の営みや大きな動きを感じとることができます。それらを楽しみながら、自然とどのように調和して生きるか、ときにはどのように戦うかなど、いっしょに考えてみませんか。

斎藤靖二

カバーイラスト・本文2章、5章イラスト／山田ケンジ
本文1章・3章イラスト／榎本 直哉
本文4章イラスト／いとう良一
本文デザイン・DTP・図版作成／佐藤 純（アスラン編集スタジオ）
執筆協力／野口哲典

◆主な参考文献

『地球の歴史』（上・中・下）鎌田浩毅（中央公論新社）
『地球とは何か』鎌田浩毅（サイエンス・アイ新書）
『カラー版徹底図解 地球のしくみ』（新星出版社）
『地球はなぜ「水の惑星」なのか』唐戸俊一郎（ブルーバックス）
『ポプラディア大図鑑ＷＯＮＤＡ　地球』斎藤靖二 監修（ポプラ社）
『学研の図鑑 地球』猪郷久義・饒村曜 監修（学習研究社）
『ニューワイド学研の図鑑 地球・気象』猪郷久義・饒村曜 監修（学習研究社）
『最新 地球史がよくわかる本〔第2版〕』川上紳一・東條文治（秀和システム）
『地球全史　写真が語る46億年の奇跡』白尾元理 写真・清川昌一 解説（岩波書店）
『地球全史スーパー年表』日本地質学会 監修（岩波書店）
『サイエンス大図鑑〔コンパクト版〕』アダム・ハート＝デイヴィス〔総監修〕（河出書房新社）

監修者紹介

斎藤 靖二〈さいとう やすじ〉

1939年生まれ。理学博士。東北大学理学部地学科地学第一学科卒業、同大学大学院修士課程修了。国立科学博物館地学研究部長、神奈川県立生命の星・地球博物館館長を務めた後、2014年より同館の名誉館長に就任。

図解《ずかい》 奇跡《きせき》のしくみを解《と》き明《あ》かす！
「地球《ちきゅう》」の設計図《せっけいず》

2019年4月5日　第1刷

監修者　斎《さい》藤《とう》 靖《やす》二《じ》

発行者　小澤源太郎

責任編集　株式会社 プライム涌光

電話　編集部　03(3203)2850

発行所　株式会社 青春出版社

東京都新宿区若松町12番1号〒162-0056
振替番号　00190-7-98602
電話　営業部　03(3207)1916

印刷　大日本印刷　　製本　大口製本

万一、落丁、乱丁がありました節は、お取りかえします。

ISBN978-4-413-11288-8 C0044